KB272667

인스타그램 릴스 & 알고리즘 공략법
100만 조회수 만들기

인스타그램 릴스 & 알고리즘 공략법
100만 조회수 만들기

인스타그램
릴스 & 알고리즘 공략법

100만
조회수 만들기

서진원 지음

팔로워 0에서 10만까지 10개월의 여정

누구나 처음엔 그랬다

10개월 만에 인스타그램 팔로워를 0에서 10만까지 키워냈지만, 필자도 해보기 전엔 두렵게 느껴지는 것이 많았다. 잘 모르는 미지의 대상은 언제나 큰 두려움이다. 과연 내가 잘할 수 있을지, 남들이 어떻게 생각할지, 무엇부터 어떻게 해야 할지 이런 주저함은 몇 달, 몇 년이고 사람을 제자리에 묶어둔다.

필자도 몇 번이나 계정을 열고는 아무것도 안 하고 그냥 닫아 버리기도 했고, 그저 그런 콘텐츠를 10~20개 올리고는 계정을 닫아 버리는 등 여러 번 포기했었다. 하지만, 이런 경험은 주변의 많은 인플루언서들도 공통으로 겪는 일이었다.

많은 경우 준비 기간과 두려움은 정비례한다. 준비하는 시간이 길수록 더 단단하고 완벽해질 것 같지만, 실제로는 두려움만 커지는 경우가 대부분이다. 하지만 시작 전엔 두려웠던 일들도 막상 해보면 별것 아닌 경우가 많다. 인스타그램도, 릴스도 그러하다.

최고의 준비물은 '해보며 배우겠다(learn by doing)'라는 마인드셋이다. 아이디를 뭐로 할지, 첫 게시물을 뭐로 할지, 알고리즘은 어떻게 적용할지 고민할 시간에 그저 계정을 열고 게시물 하나라도 더 올려보는 자세 말이다. 그렇게 서툰 발걸음들이 쌓이면 경험과 힘이 되어 점차 나만의 콘텐츠도 생기고, 나만의 운영법도 찾게 된다. 오늘, 지금 한 발을 내딛자.

꾸준한 사람들은 결국 알고리즘을 뚫어낸다. 이런 분들은 엉망인 초보 시절이라도 그저 매일 해야 할 것들을 묵묵히 해내고, 일정 수량 이상 제작해 올리며, 패턴을 분석하고, 개선점이 보이면 '적용'해서 새로 만들어 올린다. 그야말로 정석적인 성장의 과정이라 볼 수 있다.

성과가 좋았다 나빴다를 반복하지만, 그에 상관없이 꾸준히 함으로써 결국 필요한 경험치가 쌓이고 성장하여 어떤 임계점을 넘는 것이다. 일종의 감을 잡는 과정인데 그 과정에서 늘 좋은 순간만 있다면 되려 성장하기 힘들 것이다.

매일이 더 쉽다. 조회수, 좋아요 수 등 성적에 상관없이 매일 올리고 시장의 반응을 수집하여 적용, 개선하다 보면 길이 열리는 것이다. 기초 체력을 쌓는다는 마음으로 매일 규칙적인 기획, 제작, 업로드를 해보는 것은 매우 좋은 선택이며 대부분이 관두는 세상에서 꾸준하기만 해도 상위 10% 정도에는 결국 들어갈 것이다.

하지만 매일 하기 힘든 이유

1) 손이 너무 느려서

촬영, 편집 등 제작 시간이 너무 많이 들어가면 매일 콘텐츠를 만들 수 없다. 이럴 땐 손을 빠르게 만드는 훈련을 먼저 하거나 라이브 방송처럼 손 빠르기가 필요 없는 콘텐츠 전략을 세워야 한다.

2) 일희일비, 감정적으로 휘둘리는 경우

조회수에 감정을 쓰지 말고 그저 다음 편 작업에 착수해야 한다. 그런 감정 소비할 시간과 에너지를 다음 편의 창작에서 써라.

3) 소재 고갈

몇 편 올린 후 더 할 말이 없다는 건 아이디어 소싱(레퍼런스) 구조가 없다는 것이다. 아이디어를 얻어오는 창구들을 먼저 만들어 놓아야 한다.

<h2 style="text-align:center">꾸준함을 위한 전략 5가지</h2>

1) 루틴을 만들어라

딱 30분이라도 정해진 시간에 콘텐츠 작업을 하는 루틴을 만들어라. 꾸준함은 '정해진 시간에 정해진 것'을 한다는 일상적 습관에서 생긴다. 점심 식사 후 30분 혹은 자기 전 한 시간 정도의 투자로도 석 달이면 습관, 실력, 센스 등 많은 것이 달라져 있을 것이다.

2) 양보다 리듬을 중시하라

퀄리티 있는 콘텐츠는 주말에 집중해서 만들고, 평일엔 짧은 릴스나 간단한 정보성 콘텐츠로 출석 도장 찍듯 제작 리듬을 유지하라. 리듬은 한 번 끊기면 다시 잡기가 참 어렵다.

3) 콘텐츠 스톡을 확보하라

오늘 촬영해서 오늘 영상을 편집해 올리려면 꾸준함을 유지하기 힘들다. 찍어둔 분량 자체가 딸리기 때문이다. 미리 5~10개 콘텐츠 분량의 사진, 영상 촬영본을 확보해 두자. 평소 일상에서도 유의미한 장면 같으면 혹시 모르니 찍어두는 습관을 들이면 유리해진다.

4) '잘'하려 하지 말고 '일단' 하려 해라

처음부터 완벽하고 멋진 촬영 편집 혹은 전문가 수준의 대본을 노리면 지쳐 버린다. 처음엔 일단 '실험해 본다'라는 자세로 카메라를 켜고, 말하고, 업로드해보는 것만으로도 충분하다. 언젠가의 완벽함보다 지금 한 발짝이 결국 가속도를 만들어 낸다.

5) 나만의 전쟁을 이어가라

꾸준함을 가장 흔들리게 만드는 건 비교다. 각자 꽃이 피는 시기는 다른 법이니 내 기준에서 어제보다 한 발 더 나아가면 된다는 태도로 운영해보자. 비교하지 않기 위해서라도 지인들에게 알리지 않고 시작하는 것은 좋은 방법이고 필자도 대부분 그렇게 하고 있다.

꾸준함은 거의 모든 것을 가능하게 한다

필자가 이 책에서 말하고 싶은 핵심 중 하나는 이것이다. '잘해서 성공하는 게 아니다. 계속해서 성공하는 것이다.' 꾸준함의 묘, 꾸준함의 미를 보여줄 수 있는 크리에이터로 성장하길 바라며!

차례

PART 1　인스타그램 알고리즘과 운영

PART 2 릴스 및 인스타그램 컨셉 기획

인스타그램 알고리즘과 운영

1

알고리즘 작동 방식

누구에게, 어떻게, 어느 정도로

알고리즘(Algorithm)은 시청자 입장에선 내가 좋아하는 콘텐츠가 추천되는 방식이지만 크리에이터 입장에선 콘텐츠가 뿌려지는 방식이다. 내가 릴스, 카드뉴스, 싱글 이미지 등 콘텐츠 한 편을 올릴 때 인스타라는 플랫폼은 누구에게, 어떻게, 어느 정도로 뿌려줄까?

1) 팔로워 20%, 비 팔로워 80%

우리가 콘텐츠를 올리면 이런 일이 발생한다. 내 콘텐츠에 연관성이 있는 사람으로 추정되는 사람 100명에게 뿌려준다고 가정할 때 20명은 나를 팔로우하는 사람, 80명은 나를 모르는 사람에게 내 콘텐츠를 뿌려준다. 이는 팔로워 수가 많은 대형 크리에이터에겐 불리한 사실인데 그만큼 새로 진입하는 루키 크리에이터들을 챙기겠다는 의도이자 새로운 스타를 계속해서 발굴하겠다는 의도로 비친다.

이런 상황에서는 내 팔로워만 고려하는 것이 아니라 일반 대중도 좋아할 콘텐츠를 기획, 제작하는 것이 중요하다. 나와 연관성이 있는 대중들은 어떤 콘텐츠에 반응할까? 내가 익숙해서 좋은 것이 아니라 진지하게 대중이 좋아하는 콘텐츠에 대해 고민하라는 인스타그램의 의도가 보이는 순간이다. 인스타그램 입장에선 이런 방식으로 더 많은 사람을 만족시킬 콘텐츠를 제작하도록 크리에이터들을 독려하는 것이다.

> ***참고:** 이 비율은 인스타그램의 운영 방침에 따라 언제고 달라질 수 있다. 비팔로워 비율이 늘어날수록 낯선 대중도 좋아할 만한 콘텐츠를 생산해야 하고, 팔로워 비율이 늘어날수록 기존 팬층에게 충실한 콘텐츠가 유리하다는 점을 시사한다.

2) 참여가 좋으면 더 뿌려준다

참여(engagement: 인게이지먼트, 혹은 '반응'이라고도 할 수 있다)의 요소들인 좋아요, 댓글, 저장, 공유 등의 수치가 좋으면 더 넓게 배포된다. 대중이 좋아서 참여가 일어나는 콘텐츠를 인스타에서 가만둘까? 이미 100명에게 배포되었어도 참여가 좋으면 이번엔 200명, 400명 단위의 사람에게 뿌려주는 것이다.

참여를 유도할 수 있는 콘텐츠, 대중들과 소통할 수 있는 콘텐츠를 생산하라는 인스타그램의 메시지가 담겼다 볼 수 있다. 이런 참여는 콘텐츠 기획 자체에서 유도하거나 CTA(Call to Action, 좋아요, 댓글 등을 요청하는 행위)를 강화함으로써 더 좋아지곤 한다.

알고리즘은 내 릴스 영상을 시청할 순 없지만 각종 참여 수치는 빠르게 읽을 수 있다. 그렇게 반응이 좋다고 판단한 콘텐츠는 더 넓게 배포하여 최대한 다수의 사람들이 볼 수 있게 한다.

3) 이왕이면 빠른 참여를 좋아한다

필자는 수천 편의 릴스를 제작해서 올리며 늘 언제 인게이지먼트가 올라오는지 체크해 왔다. 오매불망 바이럴이 되기만을 기다리는 사람처럼 말이다. 거기서 발견된 시간적인 요소들이 있다.

인스타그램은 올린 지 10분 안에 사람들이 빠르게 반응하는 콘텐츠를 더 넓게 뿌려주려 한다. 보통 빠르면 10분, 늦어도 하루 안에 바이럴 여부가 결정된다. 물론 꼭 10분이라는 시간이 절대적 기준은 아니다. 며칠 뒤, 몇 주 뒤 뜨는 경우도 존재한다.

이는 최신성의 법칙을 반영하고 있다. 최신 소식을 담은 콘텐츠가 돌아다녀야 플랫폼은 젊다고 평가받는다. 어떤 빅 뉴스라도 사건 몇 달 뒤에 알면 소용없는 콘텐츠가 되듯, 되도록 최근에 올라갔거나 최신의 콘텐츠가 플랫폼에 많이 보이도록 하는 건 여러 SNS의 공통점이다.

그래서 우리가 인스타그램을 열고 피드를 보면 오래전 콘텐츠가 아니라 오늘이나 최근 올린 콘텐츠가 지배적으로 많은 것이다. 이처럼 오래된 콘텐츠보다 최신, 최근 콘텐츠를 띄우려는 알고리즘의 특성을 살펴봤을 때 인스타그램 콘텐츠를 많이 만들고 종종, 자주 올리는 일은 알고리즘의 혜택을 받을 가능성을 높여준다.

4) 반응이 줄어들면 그만 뿌린다

이를 관심 수명(Attention Span) 개념이라 하는데, 사람들이 초반에 뜨겁게 반응하다가 시간이 지나며 반응하는 정도가 줄어들면 알고리즘도 이제 그만 뿌리려 한다. 그래서 시간이 갈수록 반응이 커진다면 대형 바이럴 콘텐츠가 되는 것이고 소수의 사람들에게 잠깐 신기했다가 그만이면 콘텐츠 배포도 끊기는 것이다.

어떻게 하면 관심 수명을 늘려 내 콘텐츠가 오랫동안 퍼지게 할 수 있을까? 방법의 하나는 효과적 CTA(Call to Action, 좋아요, 댓글 등을 요청하는 행위)일 것이다. 댓글 유도, 성실한 대댓글 작성, DM 공유 권장 등 반응을 지속적으로 달아오르게 만드는 방법이 필요하다.

2

업로드 시간과 양 개념

일반적으로 인스타그램을 열심히 하려는 초심자에게 개념적 실수가 있는 부분이다. 대부분의 사람은 너무 조금, 너무 엉뚱한 시간에 올리고는 성과를 기대한다. 그저 "자주, 많이 해라!"라는 말 같이 들릴 수도 있지만 시간과 양의 개념에서 원리와 기준을 가지고 접근하는 것이 상당히 유리하다는 의미라고 볼 수 있다.

시간: 인스타에 사람들이 많을 때 올려라

시장에 사람이 없어 텅텅 비었는데 김밥 100줄을 팔려고 가지고 나간다면? 반대로 북적거리는 한강 공원에 집밥 100줄을 가지고 나간다면? 이런 현상이 인스타그램에서도 일어난다.

우리도 일과로 바쁜 오전 9시부터 오후 6시엔 핸드폰을 제대로 보기 힘들다. 상사의 눈치를 보거나, 학생이라면 수업에 참여하거나 친구와의 수다 시간일 수도 있고, 시간이 있어도 죄책감이 들어 못 보거나 불안, 불편해서 제대로 못 볼 가능성도 있다. 이게 인스타그램에 사람이 별로 없는 상태 즉, 시장이 텅텅 빈 상태라고 볼 수 있다.

이럴 때 시간, 예산, 인력을 들여 어렵게 만든 콘텐츠를 올린다면 사람들이 반응하지 못하게 되고 알고리즘은 이 콘텐츠가 별로라고 빠르게 판단할 것이다. 결국 콘텐츠는 제대로 배포되지 않은 채 수명을 다하게 된다.

반대로 핸드폰을 마음 편히 잡고 있는 시간대가 있다. 그 시간이 바로 콘텐츠를 올리기 좋은 시간대다. 평일 기준 1순위부터 4순위까지의 시간대는 다음과 같다.

콘텐츠 올리기 좋은 시간대(평일 기준)

1순위 오후 6시~9시: 황금 시간대, 본격적인 콘텐츠 소비
2순위 저녁 11시~1시: 의외로 소비력이 좋은 시간대
3순위 점심시간(오전 11시~오후 1시): 그나마 일상 중 폰을 잡는 시간대
4순위 출근 전 1시간(오전 7시 30분~8시 30분 정도): 소수는 폰을 만지는 시간대

특히 주말과 연휴는 아주 중요한 시간이다. 평소보다 더 많은 콘텐

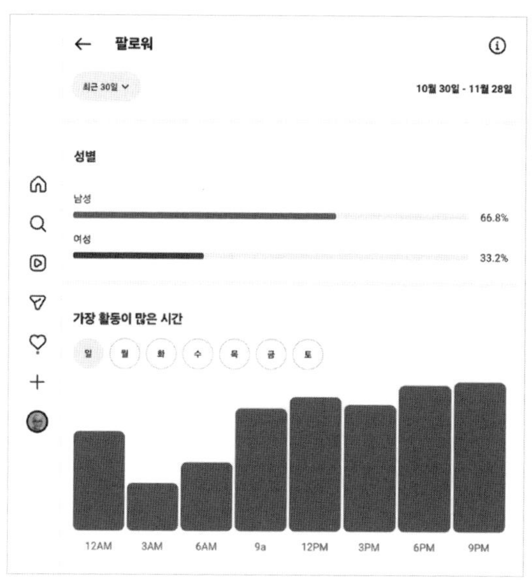

프로페셔널 대시보드의 팔로워 활동 시간 분석

츠를 올려도 좋고, 특히 공들인 콘텐츠라면 이 시간에 올리는 것을 적극 권장한다. 어떤 계정은 전체 성장의 80%를 주말에 올리기도 하니 말이다.

주말과 연휴 역시 저녁 시간대가 좋긴 하지만 기본적으로 하루의 대부분이 좋은 시간대이다. 대부분의 사람들이 하루 종일 핸드폰을 편하게 볼 수 있는 시간이라 새벽, 이른 아침을 뺀 대부분의 시간대가 업로드하기에 나쁘지 않은 편이다. 특히 오전 10시 30분처럼 주말 아침 여유롭게 일어나 쉴 때 인스타그램에 콘텐츠를 보러 들어오는 사람들이 많다고 느낀다.

팔로워의 활동 시간을 분석하려면 인스타그램의 인사이트 분석 기능을 사용해야 한다. 그러려면 우선 내 인스타그램 계정을 일반 계정에서 프로페셔널 계정으로 전환해야 한다. 자세한 방법은 후에 설명하겠다.

인스타그램에서 [프로페셔널 대시보드 → 새 팔로워 → 맨 아랫부분의 팔로워 활동 시간]을 점검하면 요일별로 내 팔로워가 가장 활성화되어있는 시간대가 그래프로 기록되어 있다. 대부분 오후 6시~0시 정도에 활동량이 가장 많다. 왼쪽의 예시 이미지에서도 오후 6시~오후 9시 사이 인스타그램에 활동하는 사람들이 가장 많다는 것을 보여 주고 있다.

팔로워의 활동 시간대를 파악하고, 사람들이 가장 왕성히 활동하기 30분 전에 콘텐츠를 올리는 것이 좋다. 업로드한 콘텐츠가 확산 알고리즘을 탄 상태가 되었을 때, 팔로워들이 들어오면 제일 먼저 보이는 콘텐츠가 내 콘텐츠가 될 가능성이 높아지는 것이다.

양: 되도록 다작이 좋다

상황이나 제작 능력에 따라 많이 만드는 '다작(多作)'이 힘들 수도 있으나, 인스타그램에서는 되도록 많은 콘텐츠를 만들어 올리는 것이 좋다. 다작은 알고리즘을 지속적으로 자극한다. 또한 단순 노출을 늘려 대중에게 인식되기 쉽다. 콘텐츠 실험적 측면에서도 많이 올리면 그만큼 사람들의 반응을 보며 얻을 것이 많다.

콘텐츠 제작 수량에 절대적인 답은 없지만 하루 2~3 개의 콘텐츠(사진 1개, 카드뉴스 1 개, 릴스 영상 1개 정도)라면 꽤나 공격적인 다작이라 볼 수 있다. 적극적으로 브랜드 계정을 키우겠다는 분에게 추천한다.

사진은 점심시간 정도, 카드뉴스는 오후 6시 정도, 릴스는 오후 8시 정도로 분배해서 올리면 딱 좋은 수량과 시간이다.

필자는 여러 계정을 직접 운영하거나 대행으로 키우며 하루 4개(사진 2개, 영상 2개)씩 콘텐츠를 올리는 스타일로 진행했고 이 정도가 빠른 성장을 달성하기에 적합했다. 물론 필자는 콘텐츠 전문가이고 제작팀이 있었기에 가능했지만 개인이어도 기획만 잘하면 이런 수량의 운영이 어렵지 않다.

하루 2~3개 정도의 수량으로 공격적으로 업로드하면서 운영하면 일단 사람들이 뭘 좋아하는지가 빨리 파악된다. 실패하거나 성공하는 콘텐츠들이 쌓이며 내 타깃이 뭘 좋아하고 싫어하는지 패턴이 보이기 때문이다. 그 점들을 반영해서 다음 콘텐츠를 제작하면 개선이 시작되고 점차 수사망이 좁혀지는 듯한 느낌을 받는다. 인스타그램 계정이 성장을 하려면 최소 하루 1개는 올려야 한다. 매일 저녁 황금 시간대인 7~9시 사이 1개의 콘텐츠 업로드를 추천한다. 팔로워 유입에 유리한 릴스는 80%, 다양한 포맷 활용으로 알고리즘상 이득을 보기 위해 카드뉴스와 사진은 20% 정도로 구성하는 것이 좋다.

다작의 핵심은 알고리즘 부스트보다 크리에이터가 시장이 좋아하는 콘텐츠가 무엇인지 빠르게 분석할 수 있게 만들어준다는 것에 있다. 월 10개, 30개, 120개 등 각자 올릴 수 있는 개수는 다르겠지만 올리는 숫자만큼 대중의 취향은 빠르게 파악되고 이를 콘텐츠에 반영, 개선하여 빠르게 성장하기 좋다. 당연히 월 10개 가량 올리는 팀과 월 100개가량 올리는 팀은 얻어지는 데이터에서 큰 차이가 날 수밖에 없다.

물론 상황에 따라 다작이 어려운 개인이나 팀도 많을 것이다. 하지만 가능한 수준에서 되도록 다작해야 자신이 운영하는 인스타그램의 빠른 성장세를 볼 수 있고 그 성장세는 재미도 배가 되게 만들어 전체 운영에 힘이 된다는 점을 유념해 보자.

일관성의 법칙

한쪽으로만 올리고, 보고, 남기고

인스타그램에서 보고, 올리고, 남기고, 저장하고, 공유하는 등 모든 활동은 내 분야라는 한 방향으로만 연관 지어 해야 한다. 이걸 '일관성의 법칙'이라고 하는데, 인스타그램에 내 관심사가 무엇인지 확실히 알려주며 같은 관심사를 가진 사람들과 날 연결해 주는 활동 방향이다.

대부분의 사람은 인스타그램을 운영할 때 자신의 주요 관심사, 분야의 콘텐츠를 올린다. 그런데 이 계정으로 콘텐츠를 볼 때는 자신이 활동하는 분야가 아닌 그저 개인적으로 관심이 가는 콘텐츠를 다양하게 보는 실수를 한다. 코미디, 유행, 강아지, 고양이, 패션 등등 일단 재미있는 건 다 소비하는 것이다. 즉, 올리는 건 한 분야인데 보는 것, 좋아요, 댓글, DM 공유, 저장 등 반응은 여러 분야에서 활동한다.

그러면 인스타그램 입장에선 혼동이 생긴다. 내 관심사가 명확히 파악되지 않아 내 콘텐츠에 관심이 없는 사람들에게도 내 콘텐츠를 노출하게 된다. 내 분야에 관심 있는 사람들에게만 노출되어도 확산이 될까 말까인데 아무런 관심 없는 사람들에게 내 콘텐츠가 노출된다면 성과를 내기가 더 어려워진다.

업로드는 물론 시청 패턴 및 좋아요, 댓글 등 활동의 일관성까지 지켜 알고리즘에게 확실히 알려줘야 한다. 나는 무엇을 하는 사람이고 무엇에 관심이 있는지 말이다. 그러면 알고리즘이 날 확실히 파악하고 나에게 관심이 있을 만한, 내 분야의 콘텐츠를 평소에 시청하는 사람들과 나를 더 많이 연결해 주며 그렇게 사람들의 관심을 받게 된다.

일관성을 위해 지켜야 할 것들

1) 팔로잉은 100~300명, 내 분야 사람들로만

먼저 수천 명을 팔로우하는 건 피해야 한다. 보통 맞팔을 바라며 이렇게 많은 팔로우를 하고는 하는데, 맞팔로 맺은 팔로워들은 맞팔이 목적이지 내 콘텐츠를 계속 관심을 갖고 보는 것이 목적이 아니었기에 그저 허수 팔로워가 될 가능성이 높다.

또한 지인, 내가 좋아하는 연예인, 코미디나 밈(meme) 계정, 그냥 유명인 등을 팔로우하는 것도 피해야 한다. 오직 내 분야를 대표할 수 있는 중대형 계정들을 위주로 팔로우해야 하고, 꼭 크거나 유명하지 않아도 확실히 내 분야라면 소, 중형 사이즈의 계정들도 팔로우한다. 팔로우는 내가 내 관심 분야를 인스타그램에게 알려주는 가장 강력한 활동 중 하나다. 엉뚱한 분야 팔로잉이 자꾸 섞이면 알고리즘에 불리할 수밖에 없다.

2) 보는 것도 오직 내 분야에서만

우린 릴스라는 숏폼 영상 콘텐츠를 많이 소비하고 있다. 이때 키우고 있는 브랜드 계정에선 릴스도 내 분야만 봐야 한다. 앞서 잠깐 언급했듯, 알고리즘이 가장 잘 깨지는 경우 중 하나가 무심코 다른 분야 릴스를 보는 것이다.

다른 분야의 이런저런 콘텐츠를 보고 싶으면 개인 계정으로 전환해서 보자. 무심코 아무런 릴스나 다 시청하다간 공들여 쌓은 알고리즘이 다 무너지게 된다.

3) 참여(좋아요, 댓글, 저장, 공유)도 내 분야에서만

좋아요, 댓글, 공유 등의 반응 활동 역시 내가 스스로 내 관심사를 인스타 알고리즘에 알려줄 수 있는 강력한 활동이다. 내가 키우는 계정에선 일부러 시간을 내서라도 내 분야의 크리에이터들에게 찾아가 각종 참여 활동을 하는 것이 좋다. 이런 참여 활동은 알고리즘을 위해 일부러, 의도적으로 해야 한다. 중요한 건 다른 분야엔 절대 눈길, 손길조차 주

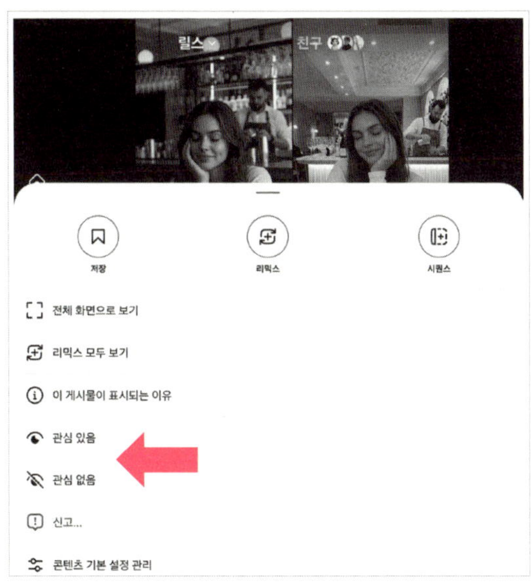

관심 있음, 관심 없음 버튼

지 않는 것이다.

4) 관심 있음, 관심 없음 버튼 적극 활용

알고리즘이 잘 관리된 인스타그램 계정에서는 다른 분야의 콘텐츠가 거의 뜨지 않는다. 축구 브랜드 계정의 경우 축구만 보이고, 뷰티 계정의 경우 뷰티만 보인다. 피드, 탐색란, 릴스 어딜 봐도 그렇게 유지된다.

하지만 열심히 내 분야에서만 활동해도 다른 분야의 릴스나 카드뉴스가 내 피드나 추천, 탐색란에 뜨기도 한다. 이는 다른 크리에이터, 기업 등의 광고의 개입이 있거나 인스타그램의 알고리즘이 인구학적으로 판단해 콘텐츠 추천을 하는 경우이다.

즉, '한국에서 당신 나이대, 성별, 관심사의 다른 많은 사람도 좋아했는데 당신도 한 번 보지 그래요?'라며 추천해 주는 것이다. 유행하면 내 피드에 추천 콘텐츠로 띄워줘 보는 것이다.

이럴 땐 해당 릴스나 콘텐츠 오른쪽 위의 점 세 개 설정 버튼을 눌러 아래 쪽을 살펴본다. 여기에 관심 있음과 관심 없음 버튼이 있는데 관심 없음 버튼을 눌러 그런 콘텐츠가 더 적게 추천되도록 조절한다.

반대로, 내 분야에 잘 맞는 콘텐츠라면 내게 재미가 있든 없든 일단 관심 있음 버튼을 눌러두는 것이 좋다. 그래야 인스타그램이 날 더 잘 이해하고 비슷한 콘텐츠만 띄워주며 결론적으로 내 콘텐츠도 관심 있을 사람에게만 더 잘 연결해 준다.

5) 탐색 탭 체크, 조정

탐색 탭(Explore Tab)만 보아도 그 사람의 알고리즘을 알 수 있다. 인스타그램에서 돋보기처럼 생긴 부분은 탐색 탭으로, 특정 단어나 콘텐츠를 검색하거나 추천 콘텐츠가 열거된 공간이다. 인스타그램에서 내게 무엇을 추천하는지 확인해 보면 지금 내 계정의 알고리즘이 잘 맞춰져 있는지 확인해 볼 수 있다.

만약 탐색 탭에 나와 관련 없는 콘텐츠 비율이 높다면 내 계정의 알고리즘이 잘 맞춰져 있지 않다고 볼 수 있다. 반대의 경우는 나와 관련된 콘텐츠들만 추천되는 경우로 알고리즘이 잘 맞춰져 있다 볼 수 있다.

종종 이 영역을 보면서 체크해 보고 조정해 주는 것이 좋다. 나와 관련된 콘텐츠들만 뜨는지 점검하고 만약 전혀 관련 없는 콘텐츠가 뜬

다면 바로 관심 없음 버튼을 눌러 사라지게 해야 한다. 물론 이 역시 너무 기계적이고 반복적으로 동시에 너무 많이 한다면 인스타그램에서 쉐도우 밴 등의 페널티를 줄 수 있으니 하루 5~10개 정도씩 제거해 나가는 것이 좋다.

발견되는 인스타그램 기본 세팅

발견되도록 기본 세팅을 맞추고 시작!

여러 공간에서 내 인스타그램이 발견되게 하는 건 계정 성장에 중요한 역할을 한다. 현재는 릴스를 통해 채널의 가장 큰 노출과 발견이 있다고 하지만 탐색 탭 추천, 탐색 탭 검색, 외부 검색 엔진, 계정 추천 옵션 등 다양한 곳에서 내가 발견되고 팔로우가 이뤄지게 만들어야 한다.

이렇게 발견되게 만들려면 우선 인스타그램에서 몇 개의 기능을 켜 줘야 한다. 어렵지 않으니 애초에 켜 두고 계정을 시작하는 것이 좋다. 단, 인스타그램은 각종 설정들이 순차적으로 열리는 경향이 있다. 즉, 어떤 설정들은 팔로워 100명을 넘어야 혹은 활동 두 달이 넘어야 생기는 등 한동안은 그 설정들이 안 보이는 경우도 있으니 참고하고 그 시점을 넘기길 기다려야 한다.

1) 검색엔진에 내 콘텐츠가 표시되도록

[설정 → 계정 공개 범위]에서 '공개 사진과 동영상이 검색 엔진 결과에 표시되도록 허용'이라는 버튼을 찾아 켜두면 구글 등 검색 엔진에 내 콘텐츠가 뜨게 된다. 내 게시물에 어떤 단어가 포함되어 있고 핵심 내용이 무엇인지 중요해지는 순간이다.

계정 공개 범위

비공개 계정
계정이 공개 상태인 경우 Instagram 계정이 없는 사람을 포함해서 Instagram 안팎의 모든 사람이 프로필과 게시물을 볼 수 있습니다.
계정이 비공개 상태인 경우 회원님이 승인한 팔로워만 회원님이 공유하는 콘텐츠(해시태그 및 위치 페이지의 사진 또는 동영상 포함)와 회원님의 팔로워 및 팔로잉 리스트를 볼 수 있습니다. 프로필 사진, 사용자 이름 등 프로필의 특정 정보는 Instagram 내외의 모든 사람에게 공개됩니다. 더 알아보기

공개 사진과 동영상이 검색 엔진 결과에 표시되도록 허용
이 옵션을 설정하면 Google과 같은 검색 엔진이 회원님의 공개 사진과 동영상을 Instagram 외부의 검색 결과에 표시할 수 있습니다. 이 옵션을 해제하면 전체 공개로 공유된 콘텐츠의 링크가 검색 결과에 계속 표시될 수 있습니다. 더 알아보기

2) 유사 계정 추천에 나도 추천되도록

이건 PC에서만 가능한 설정인데, [프로필 편집 → 프로필에 계정 추천 표시]를 찾아 켜준다. 이러면 사용자들이 나와 유사한 계정에 팔로우를 누른 경우, 내 계정도 유사하다며 추천해 주게 된다. 애초에 유사한 콘셉트의 계정에 팔로우를 눌렀기 때문에 추천된 내 계정도 팔로우를 누

를 가능성이 높다. 앞으로 어떤 계정에 팔로우를 누른다면 한번 관찰해 보자. 해당 계정 바이오(프로필의 소개란) 아래 유사한 계정들을 여러 개 추천해 주는 것을 확인할 수 있다. 이처럼 내 계정도 추천되려면 이 기능을 켜 둬야 한다.

3) 인스타그램 릴스가 페이스북에서도 재생되게

[설정 → 교차게시]로 찾아가면 'Facebook의 추천 릴스'라는 기능이 있다. 이걸 켜 두면 내가 인스타그램에만 릴스를 올려도 페이스북의 릴스에도 내 영상이 재생된다. 이때 페이스북의 릴스에서도 아이디는 인스타그램 아이디만 공개되어 페이스북에서 릴스를 시청하던 유저들이 내 인스타그램으로 유입되기도 하고, 두 플랫폼에 동시에 영상이 재생되며 추가 조회수도 상당히 얻을 수 있다.

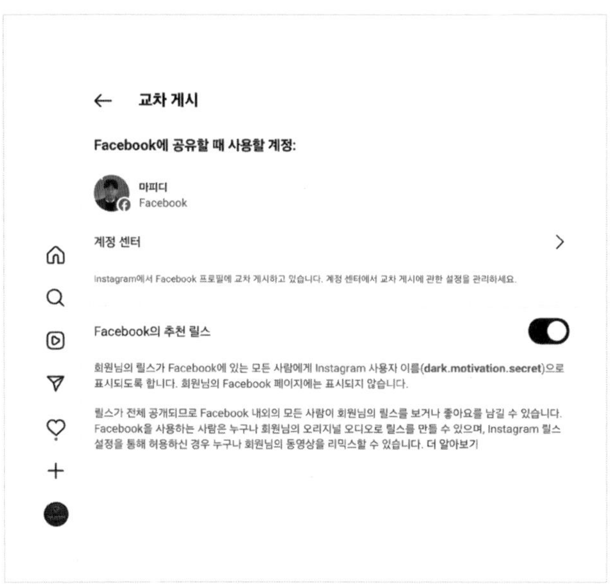

4) 프로페셔널 계정으로 전환

[설정 → 프로페셔널 계정 전환]을 누르고 몇 단계 정보 입력을 거쳐 개인 계정을 프로페셔널 계정으로 전환할 수 있다. 프로페셔널 계정으로 전환하면 크리에이터나 사업체(비즈니스 계정)에서 계정을 전문적으로 키우도록 각종 기능을 더 많이 활성화해 준다.

대표적 기능은 '인사이트' 기능으로 게시물의 각종 참여 수치를 한눈에 살펴볼 수 있다. 또한 팔로워들의 연령, 성별, 위치 분석 그리고 가장 중요한 게시물 홍보(타기팅 광고) 기능도 이용할 수 있다. 인스타그램을 적극적으로 키우려면 필수로 전환해야 한다.

5) 카테고리 표시

가끔 어떤 계정들은 프로필 쪽에 크리에이터, 사업가, 예술가 등 직업군 같은 카테고리가 표시된 것을 볼 수 있다. 이 역시 설정한 사람들만 보이게 하는 것으로 각종 검색의 대상이 될 수 있다.

내 계정에서 [프로필 편집 → 카테고리 선택 → 해당 분야(직업 등)] 설정을 하면 태그 라인 아래 설명란(프로필) 쪽에 내 직업/분야가 늘 보이는 상태로 설정된다. 대표적으로 크리에이터, 사업가, 블로거, 교육, 예술가 등 분야가 고정적으로 보이는 상태가 되는 것이다. 이는 인스타그

← 카테고리 ✓

다음 중 어떤 설명에 가장 가까우신가요?

카테고리를 설정하면 사람들이 계정을 찾는 데 도움이 됩니다. 카테고리는 언제든지 변경할 수 있습니다.

Q 카테고리 검색

추천 카테고리

예술가 ○

음악가/밴드 ○

블로거 ○

의류(브랜드) ○

커뮤니티 ○

디지털 크리에이터 ○

교육 ○

사업가 ○

건강/뷰티 ○

램 사용자들에게 크리에이터의 존재를 더 쉽게 알려 주기도 하지만 인스타그램에 내가 어느 분야의 사람인지 확실히 알려 주기도 해서 알고리즘에도 이득이 있다고 알려져 있다.

하지만 이 설정은 전문가들 사이에서 찬반으로 의견이 갈린다. 바로 바이오(프로필의 소개란)쪽 공간을 차지하기 때문이다. 카테고리를 늘 보이도록 설정하면 바이오 부분에서 한 줄을 차지하는데 차라리 그 공간에 한 줄이라도 더 직접적인 자기 어필 문장을 쓰는 것이 낫지 않느냐는 의견이 있다.

아무튼 그럼에도 필자는 켜두는 편이 좋다고 생각한다. 비록 공간

은 차지해도 알고리즘에게 내 존재를 더 확실히 알려줄 수 있기 때문이
다. 또한 나머지 3줄 정도의 바이오 공간에서 확실히 날 어필하면 된다.
세팅법은 다음 장에서 알아보자.

5

프로필 세팅

프로필 세팅만으로도 늘 팔로워가 늘어나게 할 수 있다? 필자의 경험상 틀린 말은 아니다. 게시물 40개로 1만 팔로워 달성 시 프로필의 이익이 매우 컸다고 생각한다. 프로필을 매력적으로 적어 두었을 때 사람들은 내 계정 팔로우가 이익이라 느껴 팔로우를 눌러 두는 현상이 생긴다.

반대로 자격증, 학력, 지위 등만 늘어놓으며 권위를 강조하려는 건 일종의 거부감을 느끼게 할 수도 있고 심하면 사람들의 반감을 사기도 한다. 애초에 인스타그램 사용자들에겐 타이틀이 중요한 것이 아니라 이 공간에서 이득이 되는 정보 혹은 감정적 혜택을 얻는 것이 더 중요하다.

하는 일, 특징이나 특장점, 팔로우 시 혜택, CTA 등이 잘 보이는 것이 좋다. 예시 @menpd_insta

1) 사진은 되도록 얼굴이 잘 보이게

눈코입이 제대로 드러나며 신분을 밝히는 건 신뢰도를 높이는 길이기도 하고, 알고리즘에서도 선호하는 행위이다. 감성 사진이나 너무 멀리서 찍은 사진은 계정 주인, 크리에이터의 존재를 확인하기 힘들어 신뢰받기 어려울 수 있다.

2) 아이디(이용자명)는 직관적으로

내 콘텐츠와 연관성이 강한 사용자명이 가장 좋다. 미용사라면 hair-style, 교육 쪽이라면 edu/class/teacher/school, 식당 쪽이라면 chef/restaurant/food 등 관련된 용어를 활용하여 이용자명을 직관적으로 설정하자. (예: seocho_italian_restaurant, food_master_seocho)

3) 태그라인엔 핵심 키워드를 꼭 섞어서

태그라인은 프로필 편집에서 '이름'으로 표시되는 부분으로 많은 분이 한 줄 소개쯤으로 알고 있다.

이곳은 마치 명함처럼 대표적으로 계정이 검색되는 영역이며 이 한 줄 소개로 자신을 확실히 나타낼 수 있어야 한다. 이름(되도록 본명), 하는 일, 관련 키워드, 이 세 가지를 적절히 섞어 매력적인 한 줄로 나를 표현해야 한다.

> 예) 김은영 주얼리 디자이너 / 결혼 반지 / 패션 주얼리 꿀팁 / 금테크 전문가

4) 바이오엔 짧은 글짓기로 혜택, 매력을 확실히 어필

바이오는 태그라인 아래 4줄 정도로 나를 표현할 수 있는 공간이다. 여기를 특히 출신지, 출신학교, 혹은 제품 설명, 매장 홍보 등으로 가득 채우는 경우도 많은데 반대로 생각해 보면 상업적이라 느껴지거나 눈에 띄지 않는 일이다. 그보다 나를 팔로우하면 얻어지는 혜택을 강력히 어필하는 것이 좋다. 상대의 욕구에 정면승부를 걸어야 한다.

> **첫 줄 - 내가 하는 일**: 누굴 어떻게 돕고 있나?
> **두 번째 줄 - 특징점**: 득히 잘하는 일은 무엇인가?
> **세 번째 줄 - 대표 성과**: 특히 성과가 좋았던 경우는?
> **네 번째 줄 - 행동 유도**: 날 팔로우해 두면 어떤 걸 얻게 되나?

* 줄의 순서보다는 내용이 중요하다.

　이 정도로 네 줄을 구성하는 것이 좋고, 다섯 번째 줄부터는 안 보이거나 글자 제한에 걸리는 경우가 많다. 단순 보이는 것에 대한 욕심보다 상대방의 입장에서 매력적임을 추구해 보자.

6

SEO와 해시태그 사용법

이번엔 게시물을 올릴 때 작성하게 되는 캡션(설명)에 대해 살펴보자. 기본적으로 해당 게시물, 영상의 내용을 잘 정리해서 보는 이들로 하여금 이해를 돕는 것이 최고다. 그것이 메타에서 주는 가이드라인이므로 캡션은 정성스럽게 콘텐츠의 내용을 설명하여 보는 이들의 이해를 돕는 것을 전제로 작성해야 한다.

이때 캡션에 각종 해시태그를 걸면 바이럴이 된다는 잘못된 사실을 받아들여 과다한 해시태그로 도배를 하거나 장난스러운 해시태그(#드뎌금요일이닷 #팀장아보아라 등등)를 다는 분도 있다. 그런 해시태그들은 내 게시물을 누구도 오지 않는 외딴 섬에 던져 놓는 것과 다름없다.

해시태그는 내 콘텐츠가 어느 분야에 속하는 가를 알려주는 기능을 한다. 그래서 인스타그램이 내 게시물을 그 동네에 잘 던져 놓도록 도움을 준다.

해시태그는 스포츠, 요리, 뷰티 등 어느 분야의 게시물이라는 것을 이용자가 직접 지정하는 기능이다. 물론 그렇게 해서 알고리즘을 도울 순 있지만 해시태그만으로 내 게시물이 바이럴 되며 히트하는 것은 아니다. 말 그대로 분류만 도와주는 것이다.

평소에도 인스타그램은 내 게시물의 내용을 자동으로 분석하여 어느 분야의 콘텐츠인지 판정하고 있고 나의 기본 프로필 세팅, 활동 분야를 분석해 내가 어느 분야의 사람인지도 판정하고 있다. 해시태그는 말 그대로 부가적 기능일 뿐이다.

그러니 해시태그에 목숨을 걸지 말고 큰 기대도 해선 안 된다. 콘텐츠 자체의 힘, 창의력, 재미, 흥미도, 소통으로 승부를 걸어야 한다. 해시태그는 '그저 도울 뿐' 정도의 개념이다. 바이럴 여부에는 의미가 거의 없다고 볼 수 있다.

그래서 필자는 잘 못 쓰겠다면 차라리 쓰지 말라고 권장한다. 전혀 다른 분야로 내 콘텐츠를 분류해 버리거나 알고리즘에 혼선을 줄 바엔 인스타그램이 알아서 분류하게 맡기는 것이다. 해시태그 하나 없이도 수백만 조회수가 넘는 릴스들은 세상에 차고 넘친다. 집착할 필요는 전혀 없다.

그래도 쓰겠다면 혹은 조직에서 강조하기에 써야만 하는 경우라면 다음에 맞춰 쓰도록 한다.

첫 줄: 디테일하게 1~2개
두 번째 줄: 중간 규모로 1~2개
세 번째 줄: 가장 넓은 카테고리로 1개

예시) #손흥민결혼소식 #손흥민결혼일정
　　　#손흥민결혼 #손흥민
　　　#축구

위에서는 손흥민이 결혼한다는 가상의 시나리오를 예시로 해시태그를 정리해 보았다. 해시태그는 위와 같이 좁은 범위 → 넓은 범위 순으로 적어야 한다. 즉, 작은 동네에서도 검색 1등을 하면 중간 동네로 가고, 중간 동네에서 또 1등을 하면 큰 동네로 간다는 비유와 비슷하다. 애초에 큰 동네부터 찾아가 싸우는 것이 아니라 작은 동네부터 점령해 나가야 한다고 생각하면 된다.

차라리 SEO에 힘을 써야 한다

SEO(검색엔진최적화: Search Engine Optimization)는 날이 갈수록 중요해

지고 있다. 인스타그램도 검색 엔진의 기능이 강화되길 바라기 때문인데 크리에이터 입장에선 단순 검색어를 포함하는 것이 아니라 사람들이 검색하는 것을 알려줄 수 있는 콘텐츠를 생산해야 한다는 것을 뜻한다.

진정한 SEO는 단어가 아니라 내용이다

핫한 키워드만 이리저리 끌어다 놓으면 검색이 폭발한다고 잘못 생각하는 경우도 많은데, 인기 있는 단어들을 많이 쓴다고 바이럴이 되지는 않는다. 정말 검색이 잘 되고 조회수가 폭발하는 경우는 검색의 이유를 충족시켜 줄 때이다. 인스타그램 사용자들이 특정 사실이 궁금해서 검색했는데 그 내용을 재미있고 자세하게 잘 풀어줄 때 SEO가 이뤄졌다 볼 수 있다.

그러므로 SEO 역시 피상적으로 단어에 대한 집착이 되어선 안 된다. 사람들이 궁금증을 가지고 검색했을 때 그것을 해결해 줄 수 있는 콘텐츠의 내용 자체가 늘 우선이어야 한다.

SEO 활용법

1) 내 콘텐츠에 관련된 검색 키워드들을 뽑는다

이번에 공방의 식기에 관한 콘텐츠를 만들었다고 가정해 보자. 공방, 식기에 관련된 키워드는 무엇이 있을까? 사람들은 어떤 목적과 검색어로 공방이나 식기 관련 검색을 하고 있을까? 그 검색 범위 안에 내가 포함되어서 내 콘텐츠가 검색될 수 있을까?

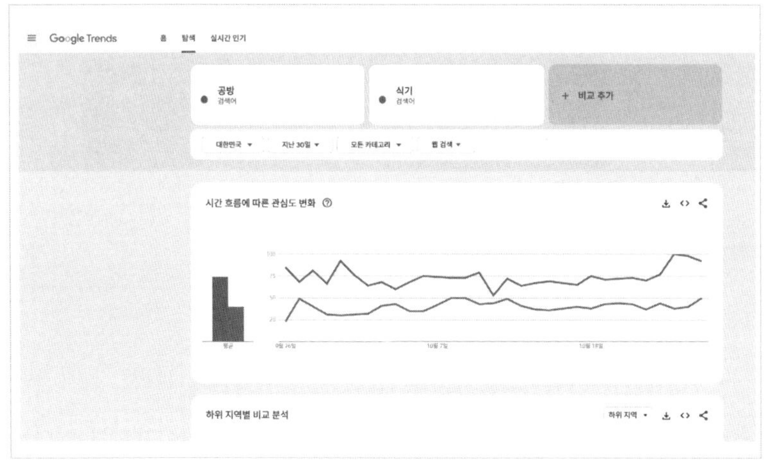

먼저 구글 트렌드(Google Trends) 혹은 블랙 키위 같은 유명 키워드 사이트에 들어가서 공방, 식기 등을 모두 검색한다. 하단 부분의 연관 검색어란을 본 후 그곳의 연관 검색어를 모두 가져와서 기록, 수집해 둔다.

혹은 유튜브나 네이버의 검색어 자동완성 기능을 활용해도 좋다. 검색어 자동완성 기능은 유튜브나 네이버, 구글 같은 검색엔진에서 검색어를 타이핑하면 연관되는 검색어들을 자동으로 열거하는 기능이다.

이는 검색자의 편의를 도모하는 길이지만 동시에 사람들이 많이 찾고 있는 검색어를 알려주는 길이기도 해서 키워드 수집에 큰 도움이 된다.

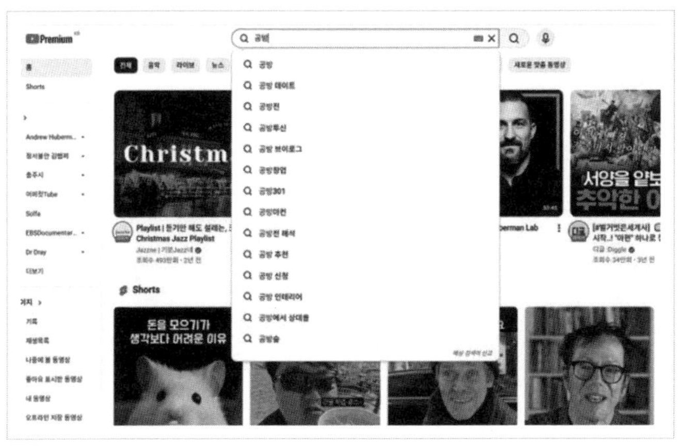

유튜브의 검색창에서 해당 검색어를 치면 아래에 관련 검색어가 나온다

연관 검색어가 자신이 생각한 것과 전혀 다른 키워드로 열거된다면 오히려 대중이 관심이 있어 하는 것들을 파악할 좋은 기회가 된다.

2) 관련 키워드를 제목, 캡션, 대본, 자막, 댓글에서 활용한다

위의 과정을 통해 연관된 검색 키워드들을 20~30개 정도 찾을 수 있을 것이다. 거기서 내게 적합한 것, 내가 쓸 수 있는 것, 내 게시물의 검색에 도움이 될 것을 10개 이하로 모아 그것들로 텍스트를 활용하는 모든 곳에 활용해야 한다.

캡션에서는 내 콘텐츠의 내용을 정성스레 설명하면서도 그 키워드들이 포함된 2~3단락 정도의 글을 작성해 보라. 이것이 힘들다면 챗지피티(ChatGPT)에게 키워드를 주고 작문을 시켜도 된다.

댓글에서도 활용할 수 있는데, 내 게시물에 내가 댓글을 남기고 고정하는 방법이다. 요즘은 영상 속의 내용인 대사, 자막 또한 인스타그램이 분석하고 있으니, 모든 곳에 적절히 키워드를 배치하는 것이 좋다.

챗지피티를 캡션 글 작성, 댓글 작성, 대본 작성 등 여러 분야에 활용해 보는 것도 권장한다. 하지만 모든 작문의 최종 검수는 사람이 해야 정확한 맥락을 유지하며 인간적인 글이 된다는 점을 유념해야 한다.

검색되기 쉬운 글이 해시태그보다 낫다!

인스타그램 CEO 아담 모세리(@mosseri)는 자신의 인스타그램에서 해시태그는 분류를 도와줄 뿐 바이럴과는 상관이 없다고 밝혔다. 그만큼 해시태그에 대한 맹신은 필요 없다는 것을 밝힌 것이다.

검색엔진으로서 도약하고픈 인스타그램의 의도를 간파한다면 해시태그란 그저 게시물을 분류해 주는 가벼운 수준의 도움일 뿐 검색어를 제대로 파악하고 배치하는 것이 훨씬 중요한 일이라는 걸 알 수 있다. 해시태그보다 SEO 친화성, 그리고 무엇보다 사람들이 검색하는 이유를 해결해 줄 수 있는 내용의 콘텐츠를 만드는 데 힘써 보자.

7

인게이지먼트와 CTA

좋아요, 댓글, 공유, 저장 등의 반응 즉, 참여(engagement)가 좋으면 인스타그램은 해당 콘텐츠를 계속해서 대중에게 뿌려 주고 결국 바이럴까지 터지게 된다는 건 알려진 사실이다. 이런 참여들의 원인과 결과를 알면 어떤 콘텐츠를 노려야 할지 더 감을 잡기 쉬워진다.

좋아요 – 연관성의 문제

좋아요가 낮다는 건 대다수의 사람들과 관련 없는 콘텐츠를 만들어서 올렸다는 뜻이다. 보는 사람의 입장에서 내 이야기 혹은 내게도 적용될 수 있는 이야기라는 감이 안 잡히면 애초에 시청조차 이뤄지지 않는다. 40대 후반의 남성이 대부분 여성 화장법 콘텐츠에는 애초에 시선도 잘 안 가는 것처럼 말이다. 내 타깃에게 대체로 적용될 만한 주제, 이야기를 주로 다루는 것이 좋다.

조회수 – 후킹의 문제

조회수가 낮다는 건 후킹이 약하다는 걸 의미한다. 초반 2~3초에 3대 후킹 포인트인 언어, 시각, 상단 제목 무엇으로도 보는 이를 잡지 못해 시청이 시작되지 않았다는 것이다. 강한 후킹에 대해 고민해 봐야 한다. 상세한 후킹법은 추후 기획편에서 다루도록 하겠다.

시청시간 – 몰입력의 문제

릴스의 총 시청시간이 낮다는 건 사람들이 끝까지 내 영상을 보지 않는다는 것이고, 몰입력이 부족한 영상을 제작했다는 뜻이다. 영상의 몰입력을 높이기 위해서는 초반의 후킹, 복선부터 기대치를 심고 점진적으로 그것이 해결되는 영상문법이 적용되어야 한다. 그런데, 시청시간이 낮은 영상은 뭔가 사실 나열만 한다든가 초반에 너무 쉽게 답을 알려주고는 그저 끝을 질질 끄는 영상일 가능성이 높다.

릴스는 물론 짧은 영상이지만, 몰입력을 높이려면 뒷 내용이 너무 궁금한 드라마, 영화처럼 영상의 흐름을 가져갈 필요가 있다.

공유 - 재미, 흥미 혹은 가치의 문제

공유는 조회수, 바이럴, 계정 성장이라는 모든 측면에서 상당히 중요한 역할을 한다. 즉, 공유라는 행동은 날 모르던 사람에게까지 나를 연결해 주며 전혀 새로운 동네에 내가 소개되게 만들어 준다.

공유는 DM으로 이뤄지느냐, 스토리로 이뤄지느냐에 따라 좀 결이 다르다. DM으로 친구에게 릴스를 공유하며 즐기는 문화가 있기에 콘텐츠 자체가 여러 사람이 돌려 볼 정도로 재미있거나 공유할 만한 감정적, 경제적 가치(꿀팁 등)가 있어야 공유가 이뤄진다. 콘텐츠의 재미, 가치 자체가 중요하다.

DM 공유는 받는 사람이 아닌 공유하는 사람의 평판도 달려있다. 어떤 내용을 주로 DM으로 공유하느냐는 그 사람의 유머 감각, 지식, 가치관 등을 보여준다. 그렇기 때문에 공유하는 사람 입장에서도 공유를 통해 더 좋은 평판을 만들 수 있는 충분한 가치가 있는 콘텐츠여야 한다.

그와 달리 스토리 공유는 내 팔로워 전체에게 공개되는 방식으로 내 정체성을 드러내기 좋다. 주로 감정 상태, 인간관계 콘텐츠들이 스토리에서 많이 공유되는 편이다. 즉, 나는 이렇게 현명한 혹은 성실한 사람이라는 정체성을 보여 주고 싶거나, 나는 지금 이런 슬픈, 행복한, 허

무한, 외로운, 기쁜 상태라는 걸 보여 주고 싶을 때 스토리 공유가 이뤄지곤 한다.

DM 공유가 확산되려면 콘텐츠에 확실한 엔터테인먼트적 요소나 유익함 등이 담겨 있어야 할 것이고 스토리 공유는 공유하는 사람 자신의 정체성을 대변할 수 있는 요소가 확실히 담겨 있는 콘텐츠가 공유에 유리할 것이다.

저장 – 두고두고 볼 가치의 문제

저장은 알고리즘에서 이전만큼 중요한 지표는 아니라고 밝혀지고 있다. 아무래도 남들을 플랫폼으로 다시 끌고 들어오는 DM 공유 같은 것보다는 그 힘, 영향력이 적을 수밖에 없다.

그래도 여전히 하나의 인게이지먼트 지표로서 측정하고 있는데 주로 두고두고 볼 가치가 있는 콘텐츠를 만들고 있는지를 파악하는 기준으로 삼는다. 한 편의 릴스에 올해 1년간 모든 정부 지원금 정책을 담았다면? 하나의 카드뉴스에 체형별 여성 뷰티, 패션 꿀팁이 모두 담겨져 있다면?

이런 것들은 뭔가 대단한 정보처럼 느껴지지만 잠깐 봐서 외워지는 것들은 아니기에 저장해 두고 볼 생각을 하게 된다. 이렇게 정보나 유용한 팁들이 가득 담긴 콘텐츠를 발행하면 저장이 더 쉽게 이뤄진다.

위에서 각종 참여의 원인과 결과를 알아보았다. 어떤 지표를 더 강하게 하려면 무엇을 강화해야 할지 알아본 것이다. 원인을 강화하면 결과도 강화되는 것은 당연한 그림이다. 하지만, 그럼에도 사람들에게 직접 참여를 요청하는 CTA(Call to Action, 좋아요, 댓글 등을 요청하는 행위)는 계속되어야 한다. 대부분은 수동적으로 콘텐츠를 소비하기에 CTA를 통해 적극적으로 내 콘텐츠를 소비하도록 유도해야 한다.

강한 CTA는 참여도를 올리고, 참여도가 올라가면 바이럴이 될 가능성을 높인다. 습관적으로 창의적인 CTA를 계속 넣는다면 자연스럽게 기대 이상의 성과를 볼 수도 있다.

CTA를 강화하는 법

1) 정확히 하지만 가볍게

좋아요나 댓글, 팔로우 등을 정확히 요청해야 하지만 심하면 상업적인 느낌이 강해질 수 있으니, 적시적소에 가볍고 위트있는 정도로 요청하는 것이 좋다.

크리에이터 고기남자의 경우 영상마다 모두 CTA를 요청하는데, 1~2초의 시간을 넘지 않으며 영상 시청에 방해가 되지 않는 위치에 위트있는 방식으로 진행한다. 그래서 시청자도 그 CTA가 얄밉지 않고 응원

고기남자 인스타그램 @ggoginamja

의 마음으로 좋아요를 누른다.

영상 초반이나 끝 부분은 일반적으로 CTA를 요청하는 구간인데, 과하면 영상을 다 안 보고 넘겨 버리거나 영상 전체 시청이 끝나지 않았는데도 이탈하는 요인이 된다. 그래서 고기남자와 같은 많은 크리에이터들이 순간적으로 좋아요, 댓글 같은 글자를 머리 위에 띄운다거나 중간에 귀엽거나 짧게 CTA를 넣음으로써 부담감을 최소화하고 있다.

2) 다양한 공간에서 요청하라

스토리, DM, 캡션, 댓글 등 다양한 공간에서 좋아요, 댓글 등을 자연스럽게 요청하는 CTA를 넣을 수 있다. 영상에서만 CTA를 해야 한다는 고정관념을 버리고 접근해 보자.

3) 과거, 미래 영상 시청도 요청하라

이번 영상만으로는 이해가 어려울 수 있으니 저번 영상도 시청해 달라고 하면서 계정 전체 영상물이 시청되도록 CTA를 걸어줄 수도 있다. 또는 내일 올리는 영상에서 답, 결과, 해결책이 나오니 꼭 시청해 달라고 언급하면 미래의 반응도 요청할 수 있다.

특히 요즘은 시리즈물(예: 혼자 세계 여행하기 12일차, 물만 마시며 다이어트하기 7일차 등)의 연속 시청이 이뤄지며 팔로우가 늘 때마다 전체 영상의 조회수가 올라가는 편인데 과거나 미래 영상에 연결성을 만드는 것도 비슷한 효과가 있다. 시리즈물에도 관심을 가져보자.

100만 팔로워 크리에이터도 CTA는 꼭 하더라

필자가 아는 100만 팔로워 이상의 대형 크리에이터들도 영상마다 CTA를 요청한다. 스토리, 댓글, 캡션 등 다양한 곳에서 말이다. 이미 많은 팬이 확보되었음에도 CTA가 빠지면 반응이 다르다는 것을 느끼고 있기 때문이다. 부담스럽지 않고 위트있는 CTA로 팔로워의 행동을 끌어낸다.

우리도 영상 초반부터 CTA를 자연스럽게 요청하자. 처음부터 하면 쉬운데 중간에 하려면 뭔가 어색한 경우가 더 많으니 말이다. 고생해서 만든 내 콘텐츠에 조금이라도 더 부스터를 달아 주려는 노력, 그것이 바로 CTA이다.

8

쉐도우 밴과 페널티

대표적인 벌칙, 쉐도우 밴

쉐도우밴(Shadow Ban)이라는 인스타그램의 페널티는 특히 지나치게 빠르고 반복되는 DM을 보내면 걸리는 경우가 많다. 필자도 여러 번 당했고 모두 풀긴 했지만 매번 진땀을 뺐다.

쉐도우 밴을 당하면 내 프로필 검색이 안 되거나 내가 어떤 콘텐츠를 올려노 소회수가 전혀 올라가지 않는다. 인스타그램이 의도적으로 내 계정을 감추고 내가 열심히 활동할수록 오히려 더 숨겨지는 기이한 현상이 일어난다. 쉐도우 밴은 보통 3일에서 3~4주가량이면 풀리는데 그 이상 오래가면 계정을 포기하고 새로 키우는 것이 낫다.

하지만 애초에 커뮤니티를 해치는 콘텐츠를 올리거나 그런 행동을 하지 않았다면 대부분 풀 수 있다. 대부분 규칙을 잘 몰라 실수를 하는 경우가 많은데 조급함을 버리고 여유롭게 접근한다면 쉐도우 밴을 풀고 다시 정상적인 활동을 할 수 있을 것이다.

내가 당한 쉐도우 밴의 세 가지 경우

1) 너무 빠른 좋아요

BTS의 RM님이 내 게시물을 스토리 공유해 주면서 전 세계에서 댓글이 폭발적으로 달렸었다. 그때 필자가 그 모든 댓글, 스토리 공유들에 빠르게 '좋아요'를 누르다 쉐도우 밴을 당한 적이 있었다.

좋아요 누르는 속도가 너무 빠르면 기계적 활동으로 보고 일종의 자동화 프로그램, 오토봇 등을 돌린 거라 판단하는 것 같다. 정확한 수치를 꼽긴 어렵지만 1분에 10~15개 이상의 좋아요라면 제대로 콘텐츠를 보지도 않고 좋아요를 누른다고 판단하는 듯하다.

2) 게시물 삭제

실수로 여러 명이 한 계정에서 여러 콘텐츠를 하루에 삭제한 적이 있었다. 외주로 관리 중인 계정에 여러 명이 접속하다 보니 그런 경우가 발생했는데 하루 100명 이상 꾸준히 팔로워가 늘던 시점에서 갑자기 하루 10명도 팔로워가 안 늘었다.

실수가 있는 게시물은 당연히 지워야겠지만 습관적인 삭제(예: 이번 게시물의 조회수가 마음에 들지 않아서 등)나 동시에 여러 개를 삭제하는 일은 인스타그램에서 일단 막고 보는 것 같다. 누군가 의도적으로 나쁜 일을 할 수도 있으니 말이다.

3) 똑같은 DM을 반복적으로 보냈을 때
행사가 있어서 행사 내용을 적은 후 그대로 복사해 수십 명에게 연달아 보낸 적이 있는데 그때도 쉐도우 밴에 걸렸었다. 특히나 DM에 링크가 삽입되면 금융사기로도 이어질 수 있기 때문에 인스타가 꺼리는 부분인데 그것을 모를 때였다.

쉐도우 밴을 푸는 법

일단 3일(72시간)간 인스타그램에 아예 들어가지 말아야 한다. 로그인 안 하는 것을 넘어 잠깐 앱을 지워 두는 것을 추천한다. 혹은 다른 계정으로라도 들어가서 날 찾아보거나 활동해선 안 된다. 인내의 시간을 좀 가져야 한다. 뭔가 과한 활동으로 지금 쉐도우 밴을 당한 상태이기 때문에 차분히, 느리게, 자연스럽게, 인간적으로 활동하는 모습을 보여 줘야 한다.

3일이 지난 후 다시 계정에 들어가 이번엔 아주 천천히 활동한다. 마치 난 위험하지 않다는 걸 보여 주듯 한 시간에 좋아요 한두 개, 댓글은 많아야 하루에 한 개 등 아주 천천히 활동하며 내 게시물도 일단 올리지 않는다.

다만, 남의 게시물을 공유하는 건 좋다. 스토리는 팬 베이스인 팔로워 위주로만 보이기 때문에 실질적으로 활동하는 팔로워들과 교류가 이뤄지는 건 좋은 신호로 간주하기 때문이다. 이 시기엔 과한 양은 좋지 않으니 하루 1~2개쯤 남의 게시물을 내 스토리에 공유하는 정도로 활동해 보자.

난 풀긴 했지만 물론 공식적인 방법은 아니다

난 그렇게 매번 쉐도우 밴을 풀 수 있었다. 하지만 그렇다고 어디에 공식적으로 나오는 방법은 아니며 나 같은 기획자, 제작자들이 집단지성을 모아 활동해 보니 이런 식이 좋다고 판단한 것일 뿐이다.

인스타그램은 애초에 쉐도우 밴이 걸렸는지, 왜 걸렸는지, 푸는 방법은 무엇인지, 언제 풀어 줄지 알려 주지 않는다. 때문에 계정의 상태가 이상할 때, 뭘 올려도 콘텐츠가 뿌려지지 않을 때 쉐도우 밴이라고 생각할 수 있다.

처음부터 쉐도우 밴을 예방하는 플레이를 해야 한다. 너무 기계적이고 반복적인 활동을 피하고 가능하면 계정에 접속할 수 있는 사람도 최소한으로 유지해야 한다. 특히 브랜드 계정의 경우 여러 명이 동시에 접속해 여러 콘텐츠를 소비하기도 하는데 그렇게 알고리즘이 깨질 수 있다. 또한 문제가 생겨도 원인을 알아내거나 쉐도우 밴을 풀기도 어렵다.

어쨌든 쉐도우 밴은 인스타그램이라는 커뮤니티를 지키기 위해 인스타그램이 만든 제도이다. 가끔은 오해로 쉐도우 밴을 당하기도 하지만 스포츠에서 심판의 오판도 경기의 일부인 점을 생각해 보면 우리도 모든 걸 고려해 가며 플레이하는 것이 좋다.

9

파일럿 릴스 활용법

뭐가 좋은지 미리 올려 볼 수 있는 파일럿 릴스 기능

파일럿 릴스는 비교적 최근에 생긴 기능으로 릴스를 올릴 때 '이게 잘될까? 괜찮을까? 올렸다가 지우면 안 된다던데...' 등의 걱정이 있는 사람에게 최적화된 기능이다.

릴스를 올릴 때 파일럿 릴스로 올리면 일단 비팔로워들에게만 24~72시간 노출된다. 이때 내 인스타그램 피드에는 올라가지 않는다. 즉, 비팔로워들에게만 영상이 보여지며 좋아요, 댓글 등을 기록하긴 하지만 아직 정식으로 올린 상태는 아닌 릴스가 되는 것이다.

크리에이터는 해당 콘텐츠의 반응을 본 후 24~72시간 사이에 정식

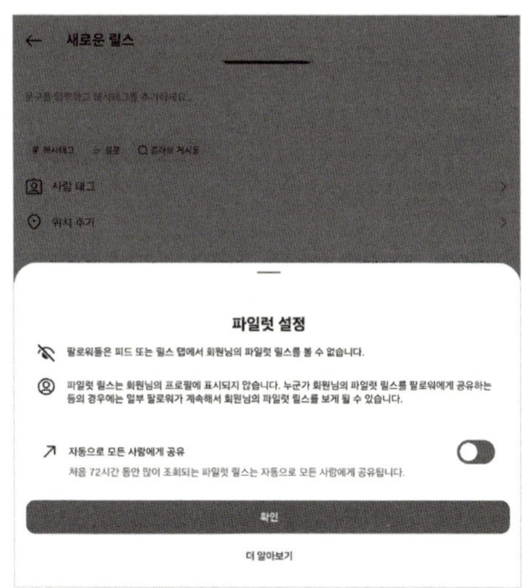

으로 자신의 인스타그램 피드에 올릴지 말지를 결정할 수 있다. 파일럿 릴스로 테스트 후 반응이 별로면 삭제하고, 반응이 좋으면 그대로 피드에 올리며 콘텐츠 반응을 더 높이는 시스템으로 이해하면 된다.

정식으로 올린 이후엔 내 팔로워들에게도 공개되며 내 인스타그램 피드에 노출된다. 한 마디로, 뜰지 안 뜰지 비팔로워 대상으로 미리 실험해 본 후 괜찮으면 올리는 시스템이다.

파일럿 릴스 사용법

일반 릴스와 올리는 과정은 똑같으며 파일럿 기능만 켜 주면 된다. 게시물을 올리기 직전 파일럿 기능을 켜고 올리면 실험이 시작된다. 24시간

63

이후 언제든 해당 파일럿 릴스의 좋아요, 조회수, 공유 등 성과 지표들을 볼 수 있으며 정식으로 올릴 수도 있다. 반응이 별로라 판단되면 삭제를 하면 된다. 파일럿 릴스의 삭제는 알고리즘에 영향을 미치지 않는다는 점도 파일럿 릴스의 장점이다.

추가 활용법

대중의 반응이 걱정되는 크리에이터에게 희소식인 기능이지만 전문 기획, 운영자들은 좀 다르게 활용하여 최대한의 활용을 도모하고 있다.

1) 하나의 릴스를 초반 후킹(2~3초)만 다르게 3가지 버전으로 만든다.

2) 세 릴스를 동시에 파일럿 릴스로 업로드 한다.

3) 24~72시간 사이에 여러 번 세 파일럿 릴스의 성과 지표를 점검한다.

4) 가장 성공적인 릴스는 살려서 정식으로 업로드하고, 나머지 2개의 릴스
   는 삭제한다.

　　단순하게 한 편의 릴스의 성공 여부를 점검해 보는 것을 넘어 아예 A/B 테스트까지 해 버리는 것이다. 후킹 요소에 따라 조회수는 천차만별이 되기에 파일럿 릴스를 이런 식으로 활용하는 건 여러 데이터를 얻으며 성공 확률을 높이는 길이다.

　　이때, 버려지는 2개의 릴스들도 나름의 큰 역할을 한다. 일단 최대 72시간 파일럿 릴스 상태로 돌아다니며 신규 팔로워들을 충분히 모으기도 한다. 또한 파일럿 릴스의 특성상 비팔로워들에게만 비춰진다는 건 이미 나를 아는 사람들이 아니라 나를 모르는 사람, 내가 발견되지 않았던 새로운 동네에 날 소개해 주는 역할도 한다는 뜻이다. 조금만 잘 활용한다면 사실 파일럿 릴스는 거의 사기급의 신기능이다.

10

피드 디자인

과하면 오히려 발목 잡히는 피드 디자인

종종 인스타그램 피드 구성을 매우 공을 들여 잡지처럼 디자인하는 경우를 본다. 3~6장의 사진이 연결된 느낌을 낸다거나 전체 게시물이 하나의 큰 포스터처럼 이뤄진 계정도 보곤 했다.

물론 보기엔 좋지만 그게 핵심은 아니다. 콘텐츠 자체의 힘이 더 중요하다. 단순히 디자인 맞춰 나열하며 전체적으로 감성적 느낌만 낸다고 내 게시물이 더 널리 퍼지거나 더 많은 사람에게 닿지는 않는다. 도리어 그렇게 잡아 놓은 디자인 스타일을 깨지 않으려 게시물을 조심스럽게 올리게 되거나, 한 번에 꼭 2~3개씩 동시에 올려야만 하는 상태가 되면 활동성이 떨어지게 된다. 자유롭게 올리지 못하기 때문이다. 결국 겉보기엔 좋은 상태이지만 속으로는 실속 없는 계정이 되기 십상이다.

자유로운 디자인이 더 좋은 이유

잘 관찰하면 10만 팔로워 이상의 큰 계정들은 대부분 피드가 자유롭게 구성되어 있다. 릴스가 더 많고 사진을 약간 포함하는 스타일의 계정이 많은데 특정한 패턴감을 느끼기 힘들다. 이렇게 자유롭게 다작할 수 있는 상태라 콘텐츠 실험도 많이 이뤄졌고 결국 바이럴도 많이 얻어낸 것이다.

오늘 난 릴스를 올려야겠는데 디자인을 맞추기 위해 사진을 올려야 한다면? 억지로 사진 한 장을 제작하고 별 의미, 가치가 없는 콘텐츠를 게시한 꼴이 된다. 이런 콘텐츠들이 쌓이면 전체 계정의 성장이 저해된다. 피드 디자인에 얽매이기보다 자유롭게 필요한 콘텐츠를 올리자. 규칙에 얽매이지 않고 자유로울 때 더 강력한 콘텐츠를 창작할 수 있다.

그렇다고 아무렇게나가 아니다

계정의 상징, 심벌, 톤앤매너는 맞추는 것이 좋다. 반복적으로 활용되는 특정한 색상, 로고의 일관성, 영상 스타일의 일관성, 브랜딩의 일관성 등을 갖는 건 매우 중요하다.

다만, 피드 디자인 때문에 발목 잡혀 콘텐츠를 자유롭게 올리지 못하는 상태는 피하자는 것이다. 계정 전체의 상징성은 유지하되 올리는 건 자유롭게. 특히, 사진과 영상의 비율이나 위치를 지키려 활동이 더뎌지는 것보다 자유롭고 왕성하게 활동하는 것을 추구하자.

11

업로드 후 필수 활동

업로드만 하고 신경 뚝?

인스타그램은 내가 좋은 콘텐츠를 올리는 것도 중요하지만 전체적인 활동력도 중요한 곳이다. 즉, 게시물 업로드 외 다른 계정과의 소통 혹은 저장, 공유 등의 활동도 중요한 포인트다. 알고리즘과 팬 베이스 모두를 위해서라도 말이다.

그러므로, 게시물을 올린 후에는 곧장 인스타그램을 떠나는 것이 아니라 계정에 머물며 여러 활동을 하는 것이 좋다. 그 활동 덕에 내 계정이 발견되거나 콘텐츠 업로드 후 빠르게 관심을 받으며 바이럴 될 가능성도 높아진다.

업로드 직후 해야 할 활동

1) 10~30분 정도 인스타그램에 머무른다

최소 10분은 업로드 후에도 인스타그램을 떠나지 않는 것이 좋다. 내가 콘텐츠를 올리자마자 빠르게 댓글을 달아 주는 팔로워들은 특히 진짜 팬일 가능성이 높으므로 잘 응대해야 한다(이들은 계정의 중후반까지 큰 원동력이 되어준다).

혹시 콘텐츠에 실수가 있어 지적을 당하면 바로 캡션을 수정하거나 해명을 달아야 하며, 큰 문제라면 콘텐츠가 퍼지기 전에 삭제해야 한다. 무엇보다 업로드 직후 계속 활동함으로써 인스타그램 알고리즘을 계속 자극해줘야 한다.

2) 셀프 좋아요 및 스토리 공유는 필수

특히 셀프 좋아요는 부끄럽다고 안 하는 분이 많은데 이는 계정 활성도를 올리는 필수적인 행동이다. 그리고 애초에 내 콘텐츠를 내가 가장 사랑해줘야 하는 것 아닌가?

특히 방금 이 내용을 올렸다며 해당 게시물을 스토리에서 공유해줘야 한다. 스토리의 특성상 거의 팔로워들에게만 보이니 내 업로드 소식을 보고 반응할 가능성이 높다. 스토리는 특히 내 계정과 DM, 댓글 등 교류가 있던 계정들에게 먼저 보인다. 친밀도와 상호작용이 노출의 기준이 된다.

3) 기존 밀린 댓글 등에 대댓글을 단다

업로드 후 혹시나 대댓글을 못 단 댓글은 없는지 찾아 댓글을 달며 팔로워들을 활성화시킨다. 내가 댓글을 달면 그들에게 알람이 가고 자연스럽게 내가 방금 올린 콘텐츠도 노출된다.

4) 비슷한 분야 크리에이터들을 찾아간다

동종 분야 크리에이터들의 게시물들을 찾아가 좋아요, 댓글 등의 활동을 한다. 똑같은 팬층을 가졌기에 내 활동이 거기서 드러나면 그쪽 팬들이 나를 봐줄 가능성도 높다. 애초에 관심사가 같기 때문이다.

5) 친한 관계의 팔로워라면 DM도 OK

"저번에 이런 거 관심 많다고 하셨던 게 기억나서 DM 드려요!", "이번 영상 좀 고민이 많은데 한번 보시고 피드백 부탁드려도 될까요?" 등등 핵심 팬층에서 뽑은 몇 명의 팔로워에게 직접 DM을 보내도 괜찮다. 단, 상업적으로 단순 조회수를 늘리기 위함이 아니라 진심을 담아야 한다. 이 또한 방금 올린 게시물의 알고리즘을 자극하는 데 충분한 역할을 한다.

12

게시물 홍보 기능(타기팅 광고) 전략

게시물을 억지로라도 뿌려주는 게시물 홍보 기능

프로페셔널 계정으로 전환하면 '게시물 홍보하기' 기능이 활성화된다. 쉽게 말해 내 게시물 하나에 몇만 원가량의 홍보비를 쓰면 더 널리, 다수에게 뿌려주는 기능이다. 이는 인스타그램의 주 수입원 중 하나로 크리에이터 입장에서도 윈윈 효과를 얻을 수 있다. 물론, 적절한 방식으로 활용한다면 말이다.

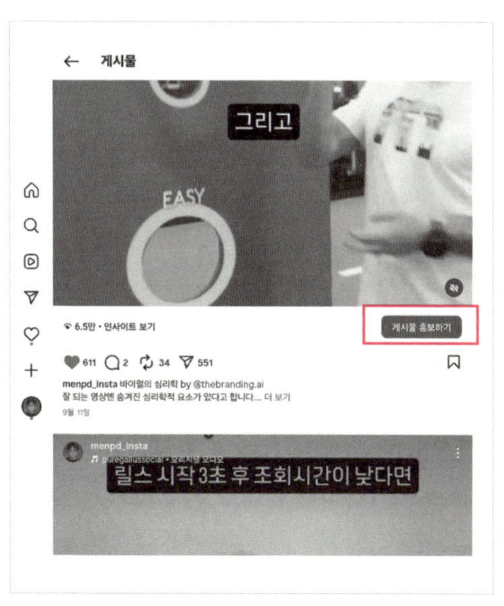

이미 잘되고 있는 콘텐츠에만 광고비를 써라!

여러 게시물을 매일 올리는 과정에서 '어? 이거 왜 조회수가 잘 나오지?' 싶은 것들에 홍보 비용을 써주는 것이 좋다. 그 게시물은 지금 바이럴 될 가능성이 있는 게시물로 수만 조회수에 그칠 릴스가 홍보를 통해서 수십만, 수백만까지도 나올 가능성이 있는 상태이다. 실제 필자도 올린 지 24시간 만에 5만 조회수를 기록 중인 릴스에 3만 원 정도 지출했는데 300만 회 조회수까지 나온 적도 있다.

하지만 제품 홍보 게시물이나 요즘 전체적으로 조회수가 안 나오니 돈 한 번 쓰겠다는 마음으로 홍보비를 지출하는 건 효과가 낮다. 높은 조회수가 나올 가능성이 있는 콘텐츠에 돈을 쓰는 것이 정석인데 기타 필요에 의해서 쓰게 되면 효과가 잘 안 나온다는 것이다. 재미없는 콘텐츠는 돈을 써도 뿌려지지 않는다.

보통 올린 지 12~24시간 후 즉, 자연적으로 뿌려지는 시간이 지난 후 홍보비를 쓰는 것이 좋다. 자연적으로 잘 퍼지고 있는 상태에서 홍보비 지출을 해 버리면 유료 홍보 쪽으로 콘텐츠 배포 흐름이 퍼지며 오가닉 확산에 오히려 방해가 된다. 잘될 기미가 보이는 것에만 돈을 써야 하므로 12~24시간의 기다림은 그 기미를 확인하기 위해서라도 필요하다.

<h2 style="text-align:center; color:#e8537a;">적절한 홍보 비용과 횟수</h2>

각자 목표에 따라 다르겠지만 계정 성장을 목표로 삼을 때는 평균적으로 주 1~2회, 월 5~8회 정도로 매번 약 2만 원 내외의 홍보비를 사용해 홍보 기간을 5~7일씩 진행하길 추천한다. 그러면 전체 홍보비가 월 10~15만 원 정도가 된다. 홍보 기간을 2~3일 정도로 너무 짧게 설정하면 인스타그램의 알고리즘이 길을 찾기도 전에 끝난다. 광고는 같은 비용이라도 길게 하는 것이 인스타그램이 타깃에 맞는 사람들을 잘 찾아 나가게 도와준다.

홍보 비용 또한 개인의 상황에 따라 다르고, 일단 많을수록 좋겠지만 계정 성장 즉, 팔로워 증가라는 일반적인 목표를 위해 정기적으로 비용을 지출하고 알고리즘을 부스트하려면 앞서 제시한 월 15만 원가량

이 적합해 보인다. 뭔가를 꼭 팔아야만 하는 상황에서 홍보 영상에 대한 홍보를 하겠다면 마케팅 캠페인의 사정과 상황에 맞춰 한 게시물당 5~100만 원 까지도 지출할 수 있다. 실제 고관여 제품을 다루던 클라이언트들은 게시물당 수십만 원 정도를 지출했다.

<h3 style="text-align:center">타깃 설정</h3>

홍보 기능 상세 설정에서 타깃의 위치, 성별, 관심사 등을 설정하여 지정된 사람들에게만 내 콘텐츠가 보이도록 조절할 수 있다. 서울, 30대 여성, 패션 관심(관심사는 수십 개도 설정 가능하지만 10개 정도면 적절). 이런 식으로 타깃을 설정하는 것이다. 만약 타깃 설정이 어렵거나 익숙하지 않다면 AI가 자동으로 추천해 주는 기능을 활용하자. 기존 팔로워와 유사한 사람들에게 게시물 홍보를 하는 기능인데, 인스타그램 AI가 우리를 잘 파악하고 있기에 우리에게 관심 있을 사람을 더 잘 연결해 줄 가능성이 높다.

<h3 style="text-align:center">관리 안 된 계정에서는 갑자기 홍보비를 많이 써도 안 퍼진다</h3>

평소 게시물을 거의 올리지 않아 죽어 있던 계정을 갑자기 활용하면 비용을 많이 써도 콘텐츠가 널리 퍼지지 않는다. 여러 조직, 기관에서 평

소 거의 게시물을 올리지 않다가 행사나 중요 이벤트가 다가오면 홍보 영상, 카드뉴스를 한두 개 올리고 큰 비용을 지출하기도 하는데 제대로 된 효과를 보는 경우는 거의 없었다.

아무래도 평소 연결된 사람이 거의 없는 계정이기 때문에 일차적으로 자연적 배포가 이뤄지지 않게 되니 뜨내기들 상대로 전단지를 돌리는 것과 비슷한 효과가 나는 것 같다. 반대로 관리가 되어 있는 계정 즉, 평소 콘텐츠를 꾸준히 올렸고 이런저런 팔로워들과 소통도 했으며 다른 게시물에도 참여를 남기는 등 활동력이 있던 계정에서는 홍보 비용 지출을 하면 비용만큼의 효과를 보곤 했다. 평소 잘 해야 한다는 말이 여기서도 적용될 줄은 몰랐지만, 계정의 알고리즘을 늘 적당히 살려 놓는 건 이런 경우 아주 중요한 일이다.

메타 베리파이드(Meta Verified), 해야 하나?

돈 쓰는 이야기를 하다 보니 메타 베리파이드 기능에 대해 언급을 꼭 해야겠다. 보통 '블루 배지'라 불리는 것으로 페이스북이나 인스타그램 아이디 옆에 파란 배지 표시가 달린다. 원래는 인증된 사람, 실제 인물, 영향력 있는 인물이라는 뜻으로 선택된 사람들에게만 메타가 주곤 했다. 그러다 어느 순간부터 돈만 내면 구독할 수 있는 시스템(월 2만 원가량)으로 바뀌어 많은 사람이 블루 배지를 달았다.

메타 베리파이드의 가장 큰 장점은 문제가 생기면 우선 해결해 주며

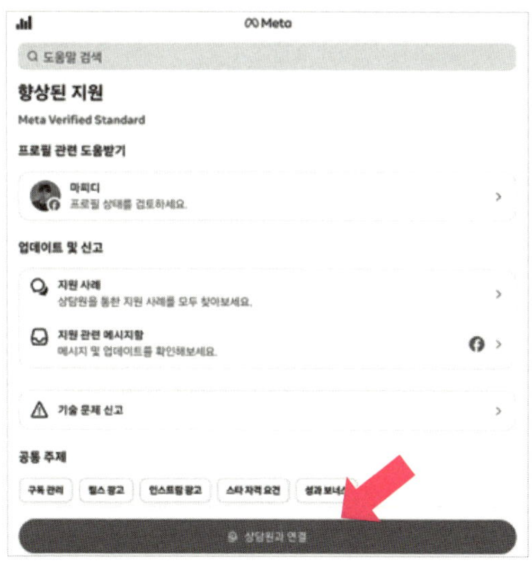

메타 베리파이드의 가장 큰 장점은 상담원 연결이 즉시 된다는 것

고객센터와 전화도 쉽다는 점이다. 평소 메타는 고객센터 접근이 어렵기로 악명이 높지만, 블루 뱃지를 달면 전화가 거의 즉시 가능해서 계정에 문제가 생겼을 때 해결하기 매우 쉬워진다. 하지만 블루 배지를 달았다고 내 콘텐츠가 더 퍼진다든가, 성공한다든가 하지는 않는다. 여전히 모든 활동의 핵심엔 '가치 있는 콘텐츠'가 있으며 콘텐츠가 좋으면 블루 배지를 달지 않고도 1만, 10만, 20만 팔로워 이상 얼마든지 달성할 수 있다.

만약 자신의 인스타 계정에 문제가 생겼을 때 빠른 해결을 바란다면 블루 배지를 달아두면 도움이 많이 될 것이다. 문제가 생긴 시점 한 달만 구독해도 된다. 하지만 단순히 블루 배지를 겉멋으로 다는 건 앞뒤가 맞지 않는 전략이다. 좋은 콘텐츠, 규칙의 인지(알고리즘), 꾸준하고 현명한 운영력이라는 본질과 핵심에 집중하자.

13

인스타그램 CEO가 말하는 알고리즘

인스타 CEO를 못 믿으면 누굴 믿나?

메타(Meta)에선 인스타그램 알고리즘에 대한 핵심 원칙과 주요 작동 방식에 대해서는 공식적으로 알려 주지만 세부적인 계산 공식이나 가중치 등의 상세 정보를 제공하지 않는다. 활동 가이드라인 정도만 있어서 많은 크리에이터들이 정확한 알고리즘을 궁금해한다.

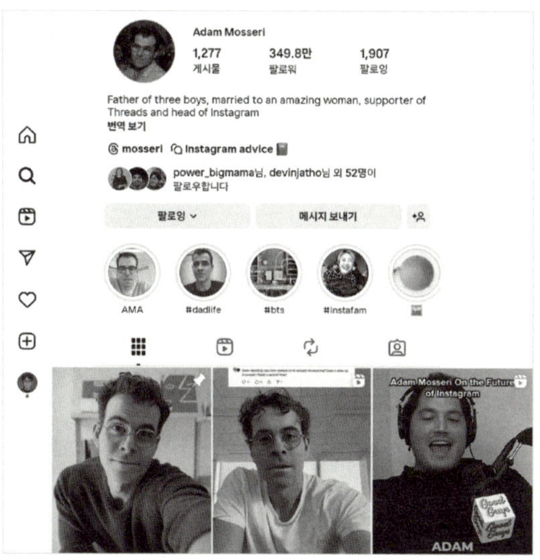

인스타그램 CEO 아담 모세리 @mosseri

인스타그램 CEO 아담 모세리 @mosseri

이때 참고할 만한 계정이 있다. 인스타그램 CEO인 아담 모세리(Adam Mosseri)는 본인의 인스타그램에서 종종 알고리즘, 릴스 팁, 커뮤니티 가이드라인 등에 대해 알려주고 있다. 그의 계정(@mosseri)을 팔로우해 두면 공식적인 입장의 정보를 얻을 수 있다. 그가 알려준 팁 중 중요한 몇 가지를 정리해 본다.

1) 자막을 쓰세요

많은 사람이 직장, 공공장소 등에서 소리를 꺼 둔 채 릴스를 보는 경우가 많다고 한다. 이는 릴스 전체 시청의 약 85% 정도라 가독성 있는 자막을 꼭 쓰라고 권장한다. 자막 사용 시 시청 완료율은 12~80% 증가, 참여도는 12~15% 증가, CTR(클릭률)에도 긍정적인 영향을 미친다고 한다.

2) 기대치를 만드세요

후킹 요소를 넣어야 한다. 영상 초반 2~3초 정도에 이 영상이 볼만하겠다는 느낌이 들지 않으면 외면받게 된다. 아담 모세리는 영상 초반 후킹 요소에 대해 여러 영상에서 늘 강조하고 있다.

3) 해시태그는 조회수에 영향이 별로 없어요

해시태그의 기능은 그저 '구분'이라고 한다. 차라리 SEO 즉, 검색엔진에 최적화된 콘텐츠를 강조한다. 이는 앞부분(해시태그와 SEO)에서도 상세히 설명했으니 참조를 바란다.

4) 고화질 영상은 나쁠 것 없지만 내용이 훨씬 중요해요

굳이 일부러 비싼 장비를 쓸 필요는 없다고 정확히 이야기한다. 요즘은 스마트폰으로 영화도 찍는 시대이고, 방송 영상도 스마트폰으로 찍는 경우가 많다. 그러니 처음엔 갖고 있는 스마트폰으로 영상을 찍어도 충분할 것이다. 다만 픽셀이 깨지거나 제대로 보이지 않을 정도의 화질은 당연히 제재가 된다. 화질이 이 정도로 낮은 영상은 '게시물 홍보' 기능도 사용할 수 없다.

중요한 건 늘 내용, 콘텐츠가 가장 중요하다는 점이다. 좋은 콘텐츠란 단순히 멋져 보이는 것이 아니라 사람들의 관심을 사고 공감할 수 있는 콘텐츠이다. 비싼 장비보다 내용의 창의성으로 승부를 거는 것이 좋다.

5) 공유할 만한(Sharable) 콘텐츠를 만드세요

인스타그램을 처음 운영하는 사람들은 주로 좋아요나 조회수에 가장 많이 신경을 쓴다. 물론 그 두 지표도 중요하지만, 인스타그램은 한 콘텐츠에서 오래 머무는 정도인 '시청지속시간' 혹은 '공유되는' 콘텐츠를 더 중요하게 여긴다.

실제 인스타그램 사용자들은 릴스 링크를 DM으로 보내며, 인스타그램 밖에 있던 친구들을 다시 인스타그램 안으로 끌어들인다. 공유는 단순히 인스타그램에 사람을 끌어들이는 행위를 넘어 평소 내 온라인 생활 반경을 넓혀 나를 새로운 곳에 소개하는 최고의 기능이기도 하다.

릴스 영상이나 게시물이 계속 수많은 사용자에 의해 공유되어야 인스타그램은 온라인 놀이터가 되고, 인스타그램 밖에 있던 사용자들도 DM을 통해 끌어올 수 있기에 인스타그램도 이 기능을 강조하고 있는 것이다.

6) 워터마크는 빼세요

워터마크는 광고로 느껴져 사용자들이 불편해할 수 있다고 한다. 그래서 인스타그램 알고리즘상 워터마크는 불리하다고 아담 모세리가 언급한 적이 있다. 이는 단순 사용자의 불편함을 넘어 인스타그램에서 다른

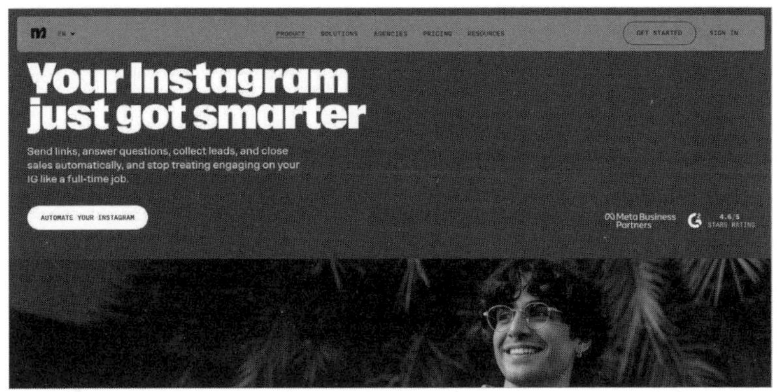

팔로워가 댓글을 달면 자동으로 무료 자료 등을 DM으로 전송해주는 매니챗

경쟁 플랫폼, 툴들이 홍보되는 것을 불편해하는 요소도 있어 보인다.

7) 매니챗(Many chat) 같은 일부 자동화 프로그램은 지원해요

댓글에 특정한 단어를 쓰면 DM으로 무료 자료가 자동으로 전송되는 매니 챗은 이미 많은 크리에이터가 사용하고 있다. 특히 귀한 자료나 할인쿠폰도 DM으로 전송해 주는데 수십, 수백, 수천 명이 댓글을 달아도 자동으로 DM을 통해 자료가 발송되고 상호작용이 생긴다.

눈여겨볼 점은 사람들이 무료로 뭔가를 받는다는 느낌을 좋아해 댓글이 많이, 빨리 달린다는 점이다. 알고리즘에 엄청난 이득인 것이다. 아담 모세리도 인터뷰에서 매니챗 정도는 인스타그램 생태계의 일부로 인정하며 지원할 것이라 밝혔다. 추후 'DM 활용법'에서 자세히 소개하겠다.

인스타그램 CEO는 여전히 열심히 알리고 있다

사람들이 더 왕성히 인스타그램 활동을 할 수 있도록, 잘못된 정보나 활동은 수정할 수 있도록 그는 여전히 자신의 인스타그램에 자주 릴스 등의 콘텐츠를 올려 알리고 있다. 일반인들에게 알고리즘이란 알기 어려운 구도인 것을 고려해 종종 등판해 이런저런 사실들을 알려 주는 그의 계정은 가끔은 보물창고라 느껴지기도 한다.

독자 여러분도 꼭 팔로우해서 올바른, 좋은 정보들을 얻어 가길 바란다.

14

기존 vs 요즘 인스타그램 알고리즘의 변화

알고리즘은 늘 진화한다. 인스타그램을 보는 사람들의 관심사, 성향, 취향이 계속 변하고 있기 때문이다. 알고리즘은 그런 엔드 유저 즉, 사용자들의 변화에 민감하게 반응해 최고의 콘텐츠를 항상 제공하려 애쓰고 있다.

최근 인스타그램에 큰 변화가 몇 번 있었고, 그중 대표적인 사항이 단순히 팔로워 숫자나 해시태그로 노출을 결정하던 시절은 끝났다는 것이다. 요즘 알고리즘은 '사람들이 진짜로 즐기고 공감, 공명할 수 있는 콘텐츠'에 훨씬 큰 가중치를 둔다.

최근 알고리즘의 경향

1) 저장보다 공유

저장이 '나를 위한' 행동이라면, 공유는 '여럿을 위한' 행동이다. 저장은 개인의 관심을 의미하지만, 공유는 주변 사람들에게도 영향을 미치는 확산의 신호다. 인스타그램에서는 재미있는 릴스를 DM으로 친구들과 공유하며 즐기는 문화가 일종의 놀이처럼 자리 잡고 있다. 이런 공유 활동은 더 많은 사람을 플랫폼 안으로 끌어들이고 머물게 만든다.

그래서 인스타그램 알고리즘은 저장보다 공유를 더 강력한 지표로 인식한다. 콘텐츠가 '퍼질 가능성'이 높다고 판단되면, 우선적으로 더 많은 사람에게 노출시킨다. 단순히 혼자 즐기는 콘텐츠보다, 여럿이 나누고 싶은 콘텐츠가 훨씬 유리하다.

2) 조회수보다 시청지속시간

'몇 명이 봤는가'보다 '얼마나 오래 봤는가'가 더 중요하다. 조회수는 클릭만으로도 올라가기 때문에, 순간적인 호기심을 부추기는 화면을 삽입하거나 섬네일로 만들어낼 수 있다. 하지만 시청지속시간은 다르다. 영상이 끝까지 재생됐다는 것은 그만큼 콘텐츠가 흥미롭고 몰입감이 높다는 신호다.

알고리즘은 바로 이 '몰입 신호'를 조회수보다 우선적으로 감지한다. 결국 사람들이 오래 머무는 콘텐츠를 더 좋은 콘텐츠로 판단하며, 더 넓게 퍼뜨린다.

3) 릴스보다 릴스+카드뉴스

'보고 싶은 사람도 있지만 읽고 싶은 사람도 있으니까요.' 인스타그램의 CEO 아담 모세리가 자신의 릴스에서 언급한 내용이다. 세상엔 짧은 영상 하나만으로는 설명하기 어려운 내용들도 있고, 차라리 글이나 이미지가 설명에 더 적합한 내용도 존재한다. 이럴 때 릴스와 카드뉴스를 함께 묶어 시리즈로 구성하면 유리하다. 영상은 시선을 끌며 관심을 유도하고, 카드뉴스는 상세한 정보를 깔끔하게 정리하고 전달하기 좋아 신뢰를 쌓는다.

해외에서는 카드뉴스를 캐러셀(Carousel)이라고 부르며, 여러 장의 이미지나 텍스트를 넘겨보는 슬라이드형 콘텐츠를 말한다. 이 포맷은 이용자의 체류 시간을 자연스럽게 늘리고, 저장 및 공유를 유도하기 쉽다.

즉, 릴스로 끌어당기고, 카드뉴스로 설득하는 이중 구조는 요즘 알고리즘 흐름에도, 이용자 경험 측면에서도 매우 효과적이다.

4) 5~8초 짧은 릴스보다 30~40초 길이의 릴스

한동안 짧지만 재미있는 동작의 댄스나 행동 같은 밈들이 큰 인기를 끌었다. 하지만 최근에는 30~40초 분량의 서사형 릴스, 즉 이야기 흐름이 있는 콘텐츠가 높은 반응을 얻고 있다.

너무 짧지 않은 길이에 몰입을 유도하고 감정을 자극하는 구조 덕분에 끝까지 시청되고 콘텐츠 자체의 '잔상'도 길게 남는다. 조금 더 길지만 끝까지 보게 만드는 힘이 인스타그램 알고리즘에서는 더 강력한 신호로 작용한다.

마치 화상통화 같은 토킹 헤드(Talking head) 스타일
사용을 권장하는 70만 팔로워의 크리에이터
@williamscxtt

5) 비롤보다 얼굴 공개+스토리텔링

인스타그램에서 감성적인 비롤(B-roll: 감성적 배경 영상에 목소리 내레이션과
음악을 삽입한 형태)은 여전히 인기 있는 포맷이다. 하지만 최근 알고리즘
은 얼굴이 드러나고 이야기 흐름이 있는 콘텐츠에 더 높은 반응을 보이
고 있다. 크리에이터의 표정, 목소리, 스토리가 함께 담긴 콘텐츠는 이용
자에게 더 강한 신뢰와 친밀감을 준다. 이런 콘텐츠는 단발성 반응을 넘
어, 지속적으로 보고 싶은 사람을 만드는 데 유리하다. 얼굴 공개와 스
토리텔링은 SNS에서 '개인화'라는 개념의 핵심 요소로써 팬덤 형성으
로 이어지는 핵심 요소이기도 하다.

2

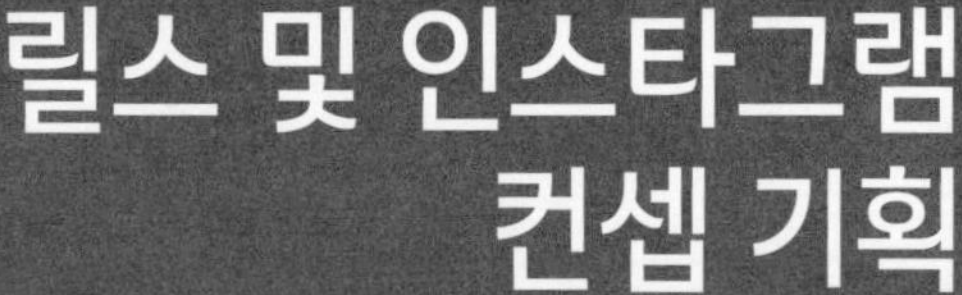

릴스 및 인스타그램
컨셉 기획

1

인스타그램 4대 콘텐츠 포맷

인스타그램은 네 가지 언어로 말한다

인스타그램에는 네 가지 콘텐츠 포맷이 있다. 사진 한 장만 올리는 피드 단일 게시물(Single Post), 릴스(Reels), 카드뉴스라 알려진 캐러셀(Carousels), 24시간만 게시하는 스토리(Stories). 각각 '말투'와 '역할'이 다르며, 그에 따라 적절한 콘텐츠도 달라진다.

1. 단일 게시물(Single Posts) – 정제된 정보와 감성의 전달

감성 사진으로 뜬 인스타그램의 본질을 생각해 보면 이 콘텐츠 활용법이 보인다. 정적인 이미지 또는 단일 콘텐츠로 구성된 사진 한 장의 단일 이미지 게시물은 빠르게 핵심을 전달하거나 감성을 담아내는 데 효과적이다.

단일 이미지 콘텐츠는 단순하지만 명확하게 핵심 메시지를 한 컷으로 전달할 수 있어야 하고 텍스트와 디자인이 깔끔할수록 저장과 공유로 이어지기 쉽다.

적합한 콘텐츠 예시

체크리스트	밈(Memes)	명언, 인용구
루틴 공유	월페이퍼	개인 이정표(1주년, 10만 팔로워 돌파 등)
작업 샘플	팀 소개 사진	인포그래픽
무드 보드	프로모션 이미지	레시피 소개
일상 속 순간/장소		

2. 릴스(Reels) - 가장 강력한 도달력을 가진 스토리의 무기

릴스는 현재 인스타그램에서 가장 많은 도달, 유입을 달성 중인 포맷이다. 새로운 사람들에게 나를 알리는데 즉, 신규 팔로워를 모으는 데 가장 효과적 역할을 하며, 짧은 시간에 메시지와 감정을 전달한다.

릴스 콘텐츠는 첫 1~3초 후킹에 집중하는 것이 중요하며 내용 기획은 물론 영상 내 텍스트 활용, 컷 전환, 배경음악, 효과음, 빠른 영상 리듬감 모두가 중요한 종합예술이라 볼 수 있다. 숏폼이라고 무조건 짧고 자극적으로 만들기보다 핵심 내용, 메시지와 흐르는 스토리를 가지고 몰입을 유도하는 구성이 추천된다.

3. 캐러셀(Carousels) - 스토리와 설명에 최적화

캐러셀(슬라이드형 이미지, 카드뉴스 등)은 정보를 단계적으로 정리해 전달하기에 적합하다. 깊이 있는 정보 전달, 전략 정리, 사례 공유, 시리즈 콘텐츠에 효과적이라 저장률도 높은 콘텐츠 유형이다.

첫 장에서 주제의 임팩트를 주는 후킹이 있어야 하고, 각 장마다 핵심 메시지를 분리해 정보가 쉽게 전달되고 가독성 높은 구도로 구성한다. 7~8장 정도가 가장 적당한 길이로 자연스럽게 소비된다. 참고로 이미지가 10장이 넘으면 게시물 홍보 기능을 사용할 수 없으니 콘텐츠에 홍보비 지출까지 생각하고 있다면 주의해야 한다.

4. 스토리(Stories) - 관계를 만드는 공간

스토리는 가장 '가볍고 즉각적인' 콘텐츠 포맷이다. 24시간 후 사라지기 때문에 부담 없이 올릴 수 있다. 그래서 고급 편집보다는 즉흥적인 스티커 꾸미기, 재치 있는 멘트 추가하기 등 센스가 중요한 영역이다.

특히 기존 팔로워와의 소통 창구로도 좋고 친밀한 느낌이 강조되는 포맷이다. 가볍게 자주, 그리고 반응 유도형 스티커 등을 적극 활용하기 좋아 인게이지먼트를 높이는 데 매우 효과적이다. 메인 콘텐츠에 비해 가볍게 고민 없이 거의 아무것이나 올릴 수 있다는 자유도 또한 강점이다.

적합한 콘텐츠 예시

Q&A	투표, 설문	AMA(무엇이든 물어보세요)
비하인드 더 씬	고객 후기	링크 스티커
출시 카운트다운	이용자 생성 콘텐츠(UGC)	일상 속 순간

올라운드 플레이어를 위하여!

물론 릴스가 히트하는데 가장 중요한 역할을 하지만 위 네 가지 콘텐츠 포맷을 적절히 활용할 수 있을 때 더 완전한 팀이 된다. 인스타그램에서도 다양한 콘텐츠 포맷을 활용하도록 권장하고 있고 그런 경우 알고리즘 혜택도 더 받는다.

릴스를 주무기로 하지만 싱글 포스트라는 보조 무기, 카드뉴스라는 방패, 스토리라는 추진 장치까지 갖췄을 때 콘텐츠 전체의 힘이 더 강해지는 것이다.

우린 알고리즘의 다양한 구석구석을 찔러주며 자극해야 하고 이럴 때 다양한 콘텐츠 포맷을 번갈아 사용하는 건 큰 도움이 된다. 독자 여러분이 그런 올라운드 플레이어가 되어가길 바란다.

2

어떤 릴스를 할까? 릴스의 종류

기획에 들어가기에 앞서 세상엔 어떤 종류의 릴스가 있는지 살펴보자. 지금 내가 도전하려는 릴스가 어떤 목적을 위한 것인지, 어떤 이용자 반응과 감정을 유도하려는 것인지 명확하게 알고 기획해야 한다. 그래야 콘텐츠의 올바른 방향성과 종류를 결정할 수 있다.

이 장에서는 인스타그램에서 많이 활용되는 릴스 콘텐츠를 12가지 유형으로 분류해 소개한다. 물론 늘 새로운 유형이 생겨나고 여기 포함되지 않은 다른 유형도 많이 존재한다. 소개한 릴스 유형들을 살펴보며 내 계정 목적과 현재 단계에 맞는 릴스 종류를 생각해 보자. 내 기획 의도, 인스타그램 활동의 지속 가능성과 최종 목표를 반영하기 좋은 스타일은 무엇일까?

1) 정보형 릴스(Informational Reels)

목적: 저장 유도, 전문가 이미지 구축, 신뢰 확보

가장 많이 소비되는 릴스 유형. 유용한 정보를 빠르게 전달한다. 크리에이터의 전문성을 돋보이게 하고 신뢰도를 향상시켜 구매로 이어지는 다리 역할을 하기 좋은 콘텐츠다. 꼭 선생님같은 전문가가 아니라도 해당 분야에 대한 충분한 지식을 가졌을 때 해당 스타일의 릴스를 제작하면 좋다. 혹은 시청자와 함께 이제 배워가는 학생의 입장에서도 제작 가능하다.

> **예:** "하루 3분, 복부 지방 태우는 운동", "자영업자 필수 체크리스트"
> "사업 초보도 받을 수 있는 정부 지원금 3", "해외 여행 다이소 꿀템 10가지"

2) 공감형 릴스(Relatable Reels)

목적: 좋아요, 댓글, DM 공유 유도, 친근한 이미지 형성

"내 얘기 같다"라는 반응을 유도하는 콘텐츠.

> **예:** "카페에서 혼자 앉아 있는 자영업자들 특징", "소개팅 나가면 꼭 하는 실수"
> "직장에 이런 신입 꼭 있다.", "할머니집 가면 10kg 찌는 이유"

3) 유머형 릴스(Humor Reels)

목적: 바이럴, 유입 확대, 알고리즘 반응 촉진

코믹한 상황을 상황극으로 표현하는 릴스다. 재미있는 상황, 캐릭터를 연출해 크리에이터로서 성장하거나 브랜드를 강화할 수도 있다.

4) 후기/리뷰 릴스(Testimonial Reels)

목적: 신뢰 유도, 전환(구매/문의) 촉진

실제 사용 후기나 고객 변화 사례를 보여 주는 콘텐츠.

5) 비포&애프터 릴스(Before & After Reels)

목적: 시청 지속 시간 증가, 저장 유도

눈에 띄는 변화 과정을 시각적으로 강조한다.

6) 튜토리얼/하우투 릴스(Tutorial / How-to Reels)

목적: 전문성 어필, 팔로우 유도

누군가에게 '무언가를 알려주는' 콘텐츠. 정보성 릴스와의 차이점으로 강의 같은 단계적인 가르침이 내용에 있다. 마치 커리큘럼을 갖추고 진행하는 수업 같은 느낌의 콘텐츠다.

> **예:** "섬네일 잘 만드는 방법", "자기소개서 한 문장으로 끝내기"
> "퍼팅을 잘하려면 이것 하나만!", "영어로 음식 주문할 땐 이렇게!"

7) 브이로그형 릴스(Vlog-style Reels)

목적: 인간미 전달, 팬 기반 강화

짧은 일상 기록이나 루틴을 담아낸다.

> **예:** "카페 사장 오전 루틴", "서울 출장 브이로그 15초 요약"
> "신입직원 첫 출근 브이로그 안 들키기", "노총각의 일요일은"

8) 밈 등 트렌드 참여형 릴스(Meme & Trend Reels)

목적: 도달 범위 확장, 탐색 탭 진입

유행하는 사운드, 챌린지, 포맷을 활용한 콘텐츠.

> **예:** "이 음악 나오면 무조건 참여해야 함"
> "슬릭백, 골반이 멈추지 않아"

9) 토킹헤드 릴스(Talking-head Reels)

목적: 퍼스널 브랜딩, 정체성 전달

화상 통화처럼 카메라를 보고 이야기하는 영상. 자신의 목소리를 직접 전달한다.

예: "왜 콘텐츠는 해도 해도 안 될까?", "제가 창업을 후회했던 순간은요"

"다 망하고 고시원 들어왔습니다", "전 이게 옳다고 생각해요"

10) 비롤 + 내레이션 릴스(B-Roll+Narration Reels)

목적: 감정과 감성 자극, 스토리 몰입 유도

하루 일과, 자연 풍경 등의 배경 영상 위에 감성적인 음악, 설명 자막, 크리에이터의 목소리 등이 흐르는 형식.

예: "출근길 영상 + 나의 결심", "여름밤 감성 + 내레이션"

"하루 종일 집안일 영상 + 집안 살림의 희로애락 내레이션"

"커피숍 청소, 커피 내리고 서빙하는 영상 + 바리스타 김씨의 하루 내레이션"

11) 스토리텔링 릴스(Storytelling Reels)

목적: 팬 형성, 신뢰 구축, 콘텐츠 몰입

감정선을 따라가는 이야기 중심의 콘텐츠.

예: "나는 왜 이 일을 시작했는가", "망했던 첫 브랜드 이야기"

"내가 이직을 하게 된 계기는", "그렇게 결혼을 포기했어요"

12) 쇼케이스 릴스(Showcase Reels)

목적: 전환 유도, 상품 관심 유도

제품, 서비스, 공간 등을 직접 보여 주는 콘텐츠.

예: "신제품 소개", "수업 현장 미리보기"
　　"주얼리 엑스포에 왔어요", "저만의 공간, 작업실을 공개합니다"

말 없는 콘텐츠가 세계로 간다

(논 버벌 콘텐츠: Non-verbal contents)

이 릴스 콘텐츠는 따로 설명이 필요하다. 그만큼 중요하고 강력한 릴스이기 때문이다. 말 한마디 하지 않고 전 세계를 웃게 만든 사람이 있다. 인스타에서는 7,885만 팔로워, 틱톡에서는 1억 이상의 팔로워를 보유한 카비 레임(Khaby Lame)으로 한국에선 '한심좌'라는 별명으로도 유명하다.

복잡하고 어이없는 '꿀팁 영상'에 황당한 표정을 지으며 "그걸 왜 그렇게 해?"라는 메시지를 말 없이, 표정과 행동만으로 전달한다. 그는 한 마디도 말하지 않았지만, 아프리카에서 만든 영상이 한국을 비롯해 전 세계로 퍼졌다. 이유는 단순하다. 언어의 장벽이 없기 때문이다.

말 없는 콘텐츠는 전 세계의 공통 언어

전 세계 4억 명의 구독자를 보유한 유튜버 미스터비스트(MrBeast) 역시

카비 레임(Khaby Lame) '한심좌' @khaby00

인스타그램에서는 언어를 뛰어넘는 영상이 더 효과적이었다고 말했다. 그는 마크 저커버그와의 인터뷰에서 "내가 말하지 않는 영상들이 인스타그램에선 조회수가 더 좋았다"라고 밝혔다. 즉, 보고만 있어도 몰입되는 릴스, 설명이 필요 없는 행동 중심의 콘텐츠가 전 세계적인 반응을 얻는다는 것이다.

논버벌 콘텐츠의 특징은 ①자막이 필요 없다 ②설명이 없어도 된다 ③국경을 넘는다 ④반복 소비된다 ⑤짧고 빠르며 본능적으로 이해된다 등이 있다. 콘텐츠의 세계화를 꿈꾼다면 논버벌 콘텐츠를 만드는 게 유리한 길이다.

1) 수작업 콘텐츠

미술, 공예, 요리, 정리, 세팅 등 손으로 보여 주는 모든 작업을 콘텐츠로 만든다. 과정 자체가 시각적 스토리를 갖고 있으며, '만드는 과정'을 보여 주는 것만으로도 집중도와 만족감을 준다. ASMR 대용이 되기도 한다.

2) 춤(댄스)

음악과 몸으로 표현하는 감정을 콘텐츠로 만든다. 춤은 전 세계 누구나 이해할 수 있는 표현 언어이며, 말이 아닌 리듬으로 소통한다. 릴스나 틱톡에서 매우 강력한 콘텐츠 포맷이다.

3) 코미디

슬랩스틱, 상황극, 표정극을 통해 말 없는 웃음을 준다. 표정·몸짓만으로 글로벌 반응을 끌어낼 수 있다. '무언극'의 유쾌함이 담겼다.

4) 노래(퍼포먼스 중심)

논버벌에 속하는 노래 콘텐츠는 보컬보다 표현력과 퍼포먼스가 핵심이다. 가사보다 전달력 있는 가창력이나 얼굴·제스처·리듬으로 전달하는 감정에 더 집중한다. 립싱크, 리액션 콘텐츠 등을 포함한다.

5) 변신/비포 애프터

변화 자체가 서사가 되는 콘텐츠다. '전과 후'의 시각적 대비만으로 몰입을 유도하며, 말이 없어도 변화된 모습에 누구나 감탄하게 된다. 메이크업, 다이어트, 리폼, 인테리어, 차량 튜닝, 세차, 청소 등을 포함한다.

6) 동물 콘텐츠

강아지, 고양이로 대표되는 반려동물의 행동, 표정, 리액션을 보여 주는 콘텐츠다. 전 연령, 전 문화권에서 통하는 장르로 귀여움엔 언어가 필요 없으며 감정적 교감 형성에 강력하다. 다만, 동물 학대로 비칠 수 있는 기획은 피한다.

7) 스킬 쇼(기술 퍼포먼스)

바텐딩, 스포츠 묘기, 비보잉 등 능력 자체가 콘텐츠가 된다. 기술과 타이밍이 주는 텐션과 몰입은 말이 필요 없게 만든다. 보는 것만으로도 감탄이 나오는 장르다.

논버벌 콘텐츠를 잘 만드는 법

1) 문맥이 명확해야 한다

말없이도 첫 화면의 세팅, 행동, 자세만으로 영상의 내용과 흐름을 알 수 있어야 한다. 시청자가 노력해서 이해해야 하는 상황을 만들어선 안 된다.

또한 영상의 흐름인 시작, 전개, 결말이 시각적으로 분명해야 한다. 즉, "왜 이걸 보고 있는가?"를 초반 몇 초 안에 보여줘야 한다. 첫 화면에서 기대치를 확실히 설정하고 시작하는 것이 좋다.

2) 표정과 몸짓은 분명하게

말이 없을수록 감정 표현은 더 분명해야 한다. 눈빛, 표정, 행동 등 작은 제스처보다 큰 제스처가 더 명료한 메시지를 전달한다.

3) 템포를 빠르게, 리듬을 살려라

불필요한 정적은 끊고, 액션 위주로 장면을 재편집하라. 논버벌 콘텐츠는 대사가 없기에 대부분 빠른 영상의 흐름이 필요하다. 단, 앞서 소개한 한심좌 카비 레임의 경우처럼 느린 영상 흐름이 더 강한 반전 효과를 가져오는 콘텐츠들도 있다.

4) 음악은 중요한 언어다

음악은 분위기를 만드는 또 하나의 대사다. 특히 논버벌 콘텐츠는 대사가 없으므로 배경음악으로 전체 톤앤매너를 잡아줘야 한다. 또한 배경음악뿐 아니라 상황에 맞는 효과음 역시 재미와 몰입도를 끌어올린다.

5) 전개는 직관적일 것

대사가 없어 설명이 불가하므로 복잡한 설정이나 전환은 혼란을 준다.

심플하게 가는 것이 좋다. 유치하더라도 누구나 이해할 수 있어야 한다.

1) '무성'과 '무의미'는 다르다

말이 없다고 콘텐츠까지 비어선 안 된다. 메시지는 여전히 분명해야
한다.

2) 전 세계를 노려라! 지역에만 통하는 유머는 줄여라

특정 문화에만 통하는 농담은 오히려 장벽이 된다.

3) 크리에이터의 캐릭터는 더 중요해진다

말없이도 기억되는 사람은 몸짓과 분위기로 각인되는 사람이다. 꾸준히
한 캐릭터를 유지해야 한다.

3

릴스 기획의 시작선에서

되도록 많은 사람이 좋아하는 것을 하는 것이 좋다

일단 쉽게 가자. 기본적으로 손님이 많은 시장(주제, 소재, 포맷)으로 진입하려는 자세가 좋다. 어려운 주제가 이미 결정된 상태라면 적어도 소재, 포맷이라도 대중성을 가미하여 되도록 쉽게 가보자.

쉬운 것으로도 잘 못하는데 어려운 것으로 잘할 수 있을까? 물론 내가 좋아서거나 내 신념이나 믿음 때문에. 혹은 내 일, 사업과 관련된 주제라 힘든 주제여도 진행하겠다는 상황과 마음을 이해는 한다.(나도 그랬으니까) 하지만 깨달음이란 여러 번 깨져 보고 나서야 생기고 그때는 이미 시간과 예산이 모두 소진된 상태라 여유롭게 다음 프로젝트를 시작하기 힘들 수 있다. 적게 다치고 많이 배워야 한다. 많이 다치고 적게 배우는 것이 아니라.

내가 좋아하니까 남들도 좋아할 것이다?

나에게만 맛있는 음식을 요리하는 사람이 대중을 상대로 요식업을 할 수 있을까? 마찬가지로 나만 좋아하는 콘텐츠를 보고 만드는 사람이 대중을 상대하는 콘텐츠로 성공하긴 쉽지 않을 것이다. 콘텐츠 바닥에서 가장 중요한 단어 중 하나인 '대중성'이 모자라기 때문이다.

대중성 결여의 가장 큰 문제는 내가 좋아하는 것이 전부라 여겨 버린다는 것이다. 내가 좋아하니 남들도 좋아할 거란 대전제를 무의식적으로 깔아 버린다. 그렇게 현재 대중, 내 타깃층이 좋아하는 것이 무엇인지 감을 잡지 못한 채 시작하는 콘텐츠는 허공의 주먹질이 된다. 온통 내가 좋아하는 것들만 보이는 단편적 알고리즘에 갇혀 산다는 건 다른 동네를 훔쳐보지도 못하게 만드는, 크리에이터에게 있어 최악의 일 중 하나이다.

넓은 콘텐츠 세계관을 위한 레퍼런스와 트렌드

이럴 때 중요한 것이 바로 레퍼런스(reference)와 트렌드(trend) 체크이다.

내 분야에서 잘나가는 콘텐츠를 넓게 알고 있고, 내 분야가 아니더라도 트렌드를 타고 있는 인기, 유행 콘텐츠를 계속 체크해 알고 있는 것은 콘텐츠 크리에이터의 창의력과 생명력을 결정하는 중요한 일이다. 내가 좋아하지 않아도 대중이 좋아하면 챙겨 보는 것이 좋다. 유치해 보이거나 나랑 전혀 무관해 보여도 일단 대중이 좋아한다면 그 취향을 이해하기 위해 참고 보는 시간을 가져야 한다.

특히 가능하면 해외 콘텐츠를 많이 관찰하길 추천한다. 문화와 사고방식이 다른 사람들의 콘텐츠라 신선한 관점이나 아이디어를 얻기 좋다. 이렇듯 다양한 콘텐츠를 섭렵하며 시선을 넓히는 건 끊이지 않는 아이디어 창고를 얻는 것과 같다.

머리 속 퍼즐들을 조립하며

기획 아이디어는 갑자기 쥐어짠다고 나온다기보다 평소 보아온 것들의 합이나 변형에서 시작되는 경우가 많다. A 방송 프로그램에서 본 구도, B 영화에서 본 연출, C 숏폼에서 들었던 음악과 효과음, D 책에서 읽었던 내용, 일전에 친구와 웃으며 나눴던 농담 등이 퍼즐처럼 맞춰지며 기획으로 탄생하는 것이다.

독자 여러분의 기가 막힌 아이디어, 기획을 응원한다. 물론 뭐든 단번에 되는 것은 아니지만 더 열심히 노력할수록 운도 더 좋아지는 법이니까.

4

레퍼런스 확보 방법

레퍼런스 계정 및 아웃라이어 콘텐츠 분석

먼저 관찰이 필수다, 레퍼런스 계정

1) 모든 건 관찰에서부터 시작된다

먼저 봐야 한다. 좋은 것을 보지 않으면 좋은 콘텐츠를 생산할 수 없다. 다른 릴스뿐 아니라 영화, 드라마, 책, 쇼츠, 릴스, 틱톡 등 여러 미디어를 접해야 좋은 콘텐츠가 무엇인지 감이 생긴다. 스포츠, 게임 등을 할 때 잘 하는 친구와 플레이하면 보는 수준이 달라지고 내 실력도 쉽게 느는 것처럼 콘텐츠를 시청하고 관찰할 때도 마찬가지다. 좋은 아이디어를 많이 줄 수 있는 훌륭한 레퍼런스들 위주로 접하는 것이 유리하다.

하지만 아무 콘텐츠나 많이 소비하는 건 되레 시간 낭비다. 의미 없는 콘텐츠들까지 열심히 시청하면 오히려 감각에 혼선이 오고 콘텐츠 보는 눈이 떨어질 수도 있다. 유의미하고 좋은 레퍼런스 영상을 늘 받아 볼 수 있는 레퍼런스 계정 설정법을 소개한다.

2) 레퍼런스 계정 만드는 법

① 먼저 아무 사용자이름(@amuamu1234)으로 계정을 만든다.

② 지인들을 팔로우하지 말고 내 분야의 사람들만 10~20명 팔로우한다. 하루 10~20개 계정씩 3일에 걸쳐 30~60개의 계정 정도가 적당하다.

③ 팔로우한 계정의 콘텐츠 중 높은 조회수나 나와 관련성 높은 콘텐츠에 좋아요, 댓글을 남기고 저장하거나 공유한다. 이때 공유는 나의 본계정에 해도 된다.

④ 이 활동을 하루 2~3회가량 나눠서 한다. 한 번 활동 시 10개의 콘텐츠에 좋아요부터 저장, 공유까지 한다.

⑤ 약 3~7일 정도 이렇게 활동하며 탐색탭(돋보기 모양, 검색 쪽)에서 내 분야 콘텐츠만 뜨는지 살펴본다. 100% 내 분야 콘텐츠만 뜨는 것이 가장 좋고 그러면 레퍼런스 계정 설정이 완료된 것이다. 이런 경우 인스타그램 알고리즘이 내 계정은 그 분야에만 관심이 있다고 판단하고 내게 그 분야 위주로만 콘텐츠를 추천하려 한다.

⑥ 이제 피드와 릴스, 탐색란 쪽을 살펴보며 내 분야의 우수한 콘텐츠들을 맘껏 시청하고 참조하며 기록, 분석한다. 좋은 콘텐츠, 따라 해 볼 만한 콘텐츠 컨셉을 찾아보는 것이다. 보통 2~3일만 열심히 봐도 우수한 콘텐츠 중 내가 따라할 만한 것이 보이기 시작한다.

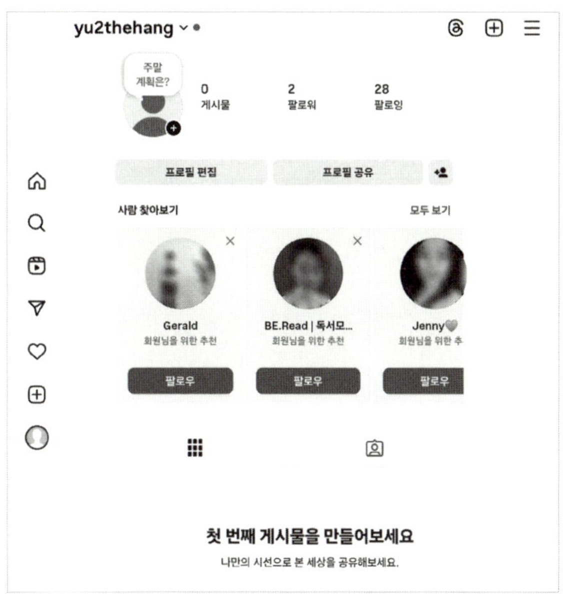

필자의 트렌드 체크 계정 중 하나, 30개 계정 정도 팔로잉 중으로
그냥 무조건 재미있는 밈, 코미디, 상황극 계정(주로 해외) 등을 팔로우했다.

사람들이 좋아하는 것의 감을 잡아라! 트렌드 계정

이번엔 그냥 무조건 사람들이 좋아하는 것을 팔로우하는 '트렌드 계정'을 만들 차례다. 한 번만 설정해 두면 계속 쓸 수 있다. 자신이 좋아하지 않는 콘텐츠도 괜찮다. 이 계정은 그저 유행, 밈, 이슈, 댄스 같은 콘텐츠를 챙겨보기 위함이다. 그런 유치한 콘텐츠가 나에게 맞지 않는다고 느낄 수 있지만 이런 트렌드를 챙기는 건 너무 중요한 일이다.

내가 직접 그 콘텐츠 방식을 활용하든 안 하든 사람들이 뭐에 반응하는지 그 패턴을 연구하기 위함이니까. 여차하면 나만 좋아하는 콘텐츠를 만드는 실수를 할 수 있기 때문에 이 계정 역시 필수적이다. 무엇보다 '그런 콘텐츠들을 내 주제에 녹이면 어떻게 될까? 어떻게 녹이면 될까?'라는 생각을 자꾸 해보며 창의적 기획력을 늘리기 좋다.

레퍼런스 계정은 하나의 분야만 일관성 있게 보여 주기 때문에 단일 주제에 매몰될 가능성이 높지만, 트렌드 계정은 그것을 방지하며 오히려 콘텐츠를 넓게 볼 수 있는 훈련을 도와준다.

1) 트렌드 계정 만드는 법(레퍼런스 계정 만드는 법과 거의 동일)

① 아무 이름으로 계정을 하나 새로 만든다.

② 지인 팔로우 없이 주로 밈(meme), comedy, funny 등을 검색해 재미, 유행, 밈 콘텐츠를 공유하는 계정을 3일에 걸쳐 30~60개 정도 팔로우 한다. 팔로워가 많고 왕성한 활동을 하는 계정이 좋다.

③ 매일 2~3회에 걸쳐 그들의 콘텐츠에 인게이지먼트(좋아요, 댓글, 공유, 저장 등)를 하여 관심사를 표현하는 시간을 5~10분 정도씩 갖는다.

④ 약 3~7일 정도 반복하며 내 피드, 탐색탭 등에 추천 콘텐츠로 관련 콘텐츠(그저 많은 사람이 좋아하는 것)가 뜨는지 체크한다.

⑤ 그 콘텐츠들을 관찰, 연구하며 내 콘텐츠에 어떻게 녹일 수 있는지 생각한다.

개인적 활동은 개인 계정으로

개인 계정은 따로 만드는 것이 좋다. 정기적으로 콘텐츠 업로드나 운영을 할 필요는 없지만 내 이름으로 된 계정을 가지고 있어야 지인 연락, 광고처 연락 등으로 다양하게 활용할 수 있다. 또한 이런저런 콘텐츠를 보고 싶을 때도 이 계정으로 보면 된다. 본격적인 브랜드 계정을 만들게 되면 한 분야 콘텐츠만 시청해야 해서 다양한 콘텐츠에 대한 욕구가 생긴다. 브랜드 계정으로는 내 분야의 콘텐츠만 시청하고 내 분야의 크리에이터들과만 소통해야 하기 때문이다. 잡다한 콘텐츠를 자유롭게 시청하기 위해서라도 개인 계정은 필요하다.

이 계정은 되도록 본명으로 유지하고, 개인 활동과 크리에이터 활동을 하는 자신의 일상을 공유하는 것이 좋다. 딱히 어렵게 영상을 만들거나 사진을 찍을 것 없이 손쉽게 운영한다. 여기서 힘을 뺄 필요는 없다. 팔로워가 적어도 된다. 알고리즘 걱정 없이 아무 콘텐츠나 시청하거나 개인적 연락처 개념이 더 강한 계정이다.

세 계정의 차이를 생각해 보자

레퍼런스 계정은 내 분야 좋은 콘텐츠를 받아보기 위함이고, 트렌드 계정은 세계적으로 유행하는 콘텐츠를 살펴보며 창의성을 더하기 위함이다. 개인 계정은 연락처 개념으로 지인과의 소통 혹은 협찬, 광고, 협업 등을 위함이다. 트렌드 계정, 개인 계정은 한 번 만들면 계속해서 관리하며 쓸 수 있지만 레퍼런스 계정은 분야가 다른 새로운 브랜드 계정을 키울 때마다 새로 생성해야 한다. 해당 분야 최고의 콘텐츠를 받아보려면 말이다.

이 세 계정의 운영은 여러분의 콘텐츠 세계관을 바꿔줄 것이고 컨셉에 대한 새로운 눈을 주게 될 것이다. 존재하는지도 모르는 건 만들지도 못한다. 먼저 알아야 하고 그러기 위해 우린 먼저 관찰해야만 한다.

더 핵심적인 건 아웃라이어 레퍼런스에서!

조금 더 고차원적이고 심도있는 레퍼런스 조사를 위해선 특정한 콘텐츠들만 수집해 분석하는 것이 좋다. 주로 엑셀을 활용해 특정 콘텐츠들의 특징들을 동시에 나열하며 비교하면 심도있는 연구가 이뤄진다. 여기서 특정 콘텐츠란 아웃라이어(Outlier) 콘텐츠를 의미하는데 다음에서 상세히 설명하겠다.

1) 아웃라이어들을 모아라

아웃라이어 콘텐츠란 해당 계정의 크기보다 과하게 조회수가 잘 나온 콘텐츠를 의미한다. 조회수뿐 아니라 이런 경우 보통 공유, 저장, 댓글의 수도 뛰어나다. 단 1만 팔로워 계정인데 10만 조회수의 영상이다? 그리고 나머지 인게이지먼트(댓글, 공유 등)도 뛰어나다? 이것이 아웃라이어

실제 아웃라이어 레퍼런스 분석표

콘텐츠이고 그걸 엑셀이나 나와의 채팅 혹은 적어도 인스타그램 저장으로라도 모아둬야 한다.

아웃라이어 콘텐츠는 SNS 세상에서 많은 의미를 갖는다. 대체 왜 팔로워가 낮은데도 이 콘텐츠는 바이럴 되어 널리 퍼졌을까? 그 코드를 열심히 찾아야 한다.

이런 콘텐츠를 하루 10개씩 총 3일 모아보라. 그 30개의 콘텐츠와 계정을 분석하기 위해 엑셀 파일(보통 엑셀로 추천)에 영상 제목, 영상 링크, 조회수, 댓글 수, 공유 수 등을 기록하고 마지막에 왜 그렇게 인기가 있었는지 자신의 의견을 단다.

여기서 하나 더 추천하는 건 해당 게시물의 댓글 30개 정도를 캡처해 챗지피티 같은 AI에 인기 원인을 30단어 내로 분석하라고 시킨 후 그것도 함께 엑셀 맨 끝에 기록하는 것이다. 내가 전체 댓글을 읽고 분석하려면 시간이 많이 들고 부정확할 수 있는데, 빠른 시간 안에 대중의 여론을 파악해 내 의견과 비교해 볼 수 있어 매우 유용하다.

2) 핵심 롤모델 3개 계정(콘텐츠)을 선택하라

총 30개 정도의 아웃라이어 콘텐츠를 그렇게 모았다면 이제 해당 엑셀 파일을 챗지피티 등 AI에 넣고 이 분야에서 사람들이 좋아하는 콘텐츠의 특징을 총정리해 달라고 시켜 보자. 그러면 어떤 감성, 어떤 주제, 어떤 스타일에 사람들이 반응했는지 나온다. AI는 주로 댓글을 많이 참조하고 조회수 등 각종 수치를 참고하여 순위도 매겨준다.

이렇게 아웃라이어 콘텐츠들의 껍데기가 벗겨지며 왜 그 콘텐츠가 대중에게 인기 있었는지, 대중은 이 분야에서 뭘 특히 좋아하는지가 심층적으로 보이기 시작할 것이다.

이제 그 콘텐츠, 계정 중 내가 할 만한 것 3가지를 찾아보라. 이 과정조차 AI 활용이 가능하지만, 전체를 훑어보며 '내 상황'에 맞게 내가 하기 좋은 것들을 찾아 세 개의 핵심 롤 모델 계정을 설정하는 편이 좋다. 내 감이 살아나야 하기 때문이다.

여기서 체크해 볼 '내 상황'은 역량과 지속 가능성이라 볼 수 있다.

- 촬영 편집 능력(제작 속도)
- 언어 능력(딕션, 외국어 등)
- 이동 가능 거리(차량 보유 등)
- 인맥(게스트 섭외나 촬영 부탁)
- 카메라 및 마이크, 공간 상황(장비 등)
- 시간 및 경제적 여력(투자 가능 여력)
- 주제에 대한 나의 선호도, 흥미, 스타일 등

위 상황들을 체크해 보며 내가 하기 힘든 것, 하기 좋은 것을 구분해 나가는 것이 좋다. 무작정 보기 좋다고 내가 다 할 수 있는 것은 아니다. 무엇보다 꾸준히 하는 것이 중요하기에, 내 힘 100%를 쓰는 것이 아니라 50% 정도만 써도 가능할 법한 콘텐츠를 골라 나가는 것이 좋다. 그래야 피곤한 날에도 작업을 할 수 있고 무리 없이 계정 운영을 이어 나가기 좋기 때문이다.

3) 적용하라

3개의 핵심 롤 모델을 찾아놨다면 이제 일은 쉬워진다. 그 특징들과 내 상황을 적용해 사람들이 좋아할 만한 주제, 형태, 컨셉을 결정해 나간다.

주제 스타일은 어떠한가? 뭔가 상세한 설명인가, 꿀팁(이익)인가, 감성적 스토리인가? 그리고 그것들로 시청자들의 어떤 감정을 자극하고 있는가? 형태적으로는 어떤가? 계정의 포인트 컬러는? 섬네일 스타일은? 사진과 영상의 비율은? 프로필 사진은? 컨셉은 어떤가? 기존의 동종 분야 콘텐츠들과 어떤 차이가 있는가? 이 장르를 어떻게 표현하길래 남다르다 느껴지는가? 당연히 그저 카피하라는 말이 아니다. 우린 아웃라이어 콘텐츠 분석을 통해 대중성 즉, 한 마디로 '먹히는 스타일'에 대한 연구를 하는 것이다. 그렇게 파악된 대중이 좋아하는 것들을 내 방식대로 표현하는 것이 중요하지 또 다른 아류작 하나를 세상에 내놓을 필요는 없다.

핵심 롤모델에서 얻은 깨달음을 내 계정에 반영해서 핵심 주제를 선정해 보라. 나도 이렇게 매번 1만 이상의 팔로워를 달성했으며 필자의 12만 계정도 같은 방식으로 주제 선정을 했다.

5

계정 주제 선정

나의 콘텐츠 DNA는?

대중성, 강점, 지속 가능성의 교집합

1) 대중성

여기서 나의 관심사는 사실 큰 역할을 하지 못한다. 나만 좋아하는 음식으로는 음식점 장사를 할 수 없기 때문이다. 전문 크리에이터가 되려면 남의 관심사 즉 대중성이 우선이어야 하고 거기에 나만의 강점과 지속 가능성의 교집합을 찾아야 한다.

대중성은 인스타그램 해시태그에서도 알 수 있다. 해시태그를 쓰려고 #과 해당 단어를 쓰면 그 뒤에 숫자가 표기되는데 이전에 이미 사용된 횟수를 의미한다. 그 숫자가 높을수록 대중성이 높고, 낮으면 대중성도 낮을 가능성이 높다. 또한 각종 키워드 사이트(구글 트렌드 등)를 살펴며 검색되는 추이를 충분히 살펴보는 것도 좋은 방법이다.

이 작업이 필수인 이유는 우린 보통 알고리즘에 갇혀 있기 때문이다. 내가 엄청나게 좋아하면 남들도 좋아할 것이라는 착각은 콘텐츠 시작 단계에서 늘 있는 뼈 아픈 실수이다.

2) 강점

찾아보면 대중적인 것들이야 이미 많을 것이다. 먹방, 여행, 패션, 키즈, 코미디 등 이미 레드오션을 형성한 분야들은 많다. 하지만 그것들을 내가 해야 하는 확실한 이유가 있을까? 내가 아니면 안 될 주제가 있을까? 나의 강점을 분석하여 해당 주제를 이끌어나갈 수 있을지 생각해 봐야 한다. 물론 전문가만 인스타그램을 하는 것은 아니지만 적어도 내 강점을 활용해 표현할 수 있는 영역이 있어야 콘텐츠 활동이 쉬워진다.

여행 인스타그램을 한다고 하면 나의 강점은 무엇일까? 뭐든 잘 먹는 것, 처음 보는 사람과 말을 잘하는 것, 외국어 능력이 좋은 것 혹은 독특한 오지까지 갈 정도로 탐험심이나 체력이 좋은 것 등 나의 강점과 매칭이 되는 부분을 생각해 봐야 한다. 그냥 일반적으로 다른 여행 인스타그래머들을 따라 하다가는 이도 저도 안 될 가능성이 높다.

3) 지속 가능성

너무 어려운 주제, 너무 어려운 연출 등을 기본 방향으로 잡으면 분명 사고가 난다. 알고리즘이 싫어하는 행위 중 하나가 콘텐츠 활동이 오래 끊기는 것인데 꾸준히 할 수 있는 능력이나 애정 혹은 이익 구도가 없다면 콘텐츠는 끊기고 오랜 정성은 물거품이 되기 쉽다.

대중성과 강점 구간을 찾았다면 적어도 내가 강한 애정이 있는지, 계속하면 수익이 붙어 지속 가능한지, 기획과 제작은 적당한 시간이면 해결될지 가늠해 볼 필요가 있다.

문제가 돈이다

사업에서도 누군가의 문제를 풀어 줘야 돈이 된다는 말이 있다. 콘텐츠 역시 마찬가지라 볼 수 있다. 누군가의 문제를 해결해 주는 콘텐츠라면 조회수, 시청시간, 팬덤 모두 해결되기 쉽다. 물론 문제의 크기(대중성)와 깊이(난이도)도 관련이 있지만 말이다.

주제를 설정할 때 이렇게 되도록 많은 사람이 고통스러워하는 문제를 해결해 주는 주제라면 아주 좋은 주제가 될 수 있다.

예시)
다이어트 관련
돈 관련
인간/이성 관계
노년 생활 관련
이혼 등 법률 관련

대중성이 없다면 가미하라

철학 혹은 자영업같이 어려운 주제의 인스타그램이라도 주제 방향성이나 컨셉, 콘텐츠 형태(포맷)를 조절하여 대중성을 갖게 할 수 있다.

심지어 재미없기로 소문난 정부기관의 콘텐츠에서도 충주맨이라는 우수 사례가 존재한다. 애초에 재미없는 주제(코로나 예방, 수소차 홍보, 상하수도 공사 안내 등)로도 대중성을 가미한 컨셉으로 결국 큰 성공을 거두었다.

똑같은 제품이라도 보여 줄 수 있는 방법은 다양하다. 극을 짜서 보여 줄지, 밈을 따라 하며 보여 줄지, 정보성 영상으로 보여 줄지, 그 주제와 컨셉에 대해 생각해 보고 여러 콘텐츠를 실험해 보며 성장한다면 재미없고 어려운 주제여도 살릴 수 있는 법은 얼마든지 존재한다. 주제는 어려워도 대중적인 포맷을 활용함으로써 대중에게 쉽게 다가가는 방법인데, 주제를 바꿀 수 없는 경우 유용한 방식이다.

6

컨셉 기획

어떤 장르를 누가 어떻게

컨셉의 특별함을 주는 방식

컨셉이란 주로 방식에 관한 문제이다. 장르라고도 볼 수 있는데 코미디, 브이로그, 먹방 등 다양한 장르가 있지만 그걸 누가 어떻게 풀어가느냐를 더할 때 컨셉이 완성된다. 그 조합이 신선함이나 남다른 흥미로움을 줄 수 있어야 한다.

컨셉의 특별함을 주는 방식은 다음과 같다.

1) 사람이 특별할 때

유명 연예인 혹은 일반인 중에서도 특별한 외모, 재능, 지식 등을 가진 경우이다. 혹은 재능이나 지식은 일반적이라도 한 사람의 사연이나 지금의 행보가 독특한 경우도 인간의 인생을 조명하는 문학 작품처럼 컨셉이 잡힐 수 있다. 자신에게 독특하게 뛰어난 재능, 지식이 있거나 혹은 보기 힘든 사연과 지금의 행보가 겹친다면 도전해 볼만하다.

2) 주제가 특별할 때

주제의 특이함은 주로 시사, 정치, 종교 등 주제 자체가 힘이 있고 끊기지 않는 소재를 가져올 수 있는 분야에서 쓰인다. 특별한 챌린지를 매번 한다든가(예: PC 방에서 100시간 살기, 교통비 1만 원으로 뉴욕 가기 등) 똑같은 IT 관련 영상이라도 해설하는 방식의 독특함(내부를 다 뜯어서 보여 주기 등)을 가질 수 있다면 주제를 강조하는 컨셉으로 도전해 볼 수 있다.

3) 연출이 특별할 때

같은 것도 특별하게 보여 주는 컨셉이다. 감성적인 촬영, 드론 샷, 수중 샷같이 촬영에서 독특한 연출을 줄 수도 있고 편집을 재미있게 하거나 예시를 극의 형태로 보여 주는 등 같은 이야기라도 독특한 연출이 가능할 때 가져가기 좋은 컨셉이다. 이 경우 평균 이상의 제작 능력이 필수라 볼 수 있다.

4) 이유가 특별할 때

특정 도전에 성공하면 빈곤 노인층을 위해 보일러를 설치해 준다든가, 뭔가 잘못 알려진 역사를 바로잡는다든가 선의 혹은 대의를 가진 경우

적당한 컨셉이다. 혹은 너무 잘못된 한국의 영어 교육을 바로잡는다든
가 교육적인 의미도 가질 수 있다.

어떤 느낌을 주고 싶냐에 맞춰지는 컨셉

컨셉이 무조건 독특하다고 좋다는 생각은 하지 않는다. 특별한 영상 컨
셉은 내가 하려는 콘텐츠가 타깃층, 대중에게 어떤 식으로 인식되고 어
떤 느낌을 줄 것인가에 맞춰 정해져야 한다. 영상의 장르를 정하고 어
떤 부분(사람, 주제, 연출, 이유)에서 좀 더 특별할 수 있을지 생각해 보자.

그리고 그것을 나라는 사람이 어떻게 풀어내면 결국 대중에게 내
가 원하던 유익함, 귀여움, 감성 등등의 느낌을 줄 수 있을지 생각하고
정리하자. 물론, 레퍼런스와 핵심 롤 모델 3개 계정을 열심히 살펴보며
말이다.

7

영상 기획 1단계

스토리 + 에듀, 엔터, 다큐

스토리

레퍼런스, 컨셉까지 모두 살펴보고 생각해 봤다면 이제 영상을 본격적으로 기획하는 단계이다. 보통 영상 기획이라 하면 기획 의도를 가지고 기승전결의 구도를 지닌 스토리텔링 식의 플롯(plot)을 생각해 볼 수 있다. 전달하고자 하는 핵심 메시지를 어떻게 효과적으로 보여줄 것인가를 기획 의도로 삼고 그것이 전달되도록 도입, 전개, 절정, 결말의 구도로 흐르게 하는 것이다.

기(도입) - 시청자가 이야기에 몰입하게 만드는 첫 관문, 후킹 필요

승(전개) - 이야기가 지루해지지 않도록 정보 추가 제공 및 긴장감을 서서히 높이는 단계

전(절정) - 갈등이 최고조에 달하거나 가장 중요한 메시지, 해결책 등 제시

결(결말) - 이야기의 마무리와 주제, 교훈 등을 강조하며 마무리

이는 하나의 이야기, 하나의 영상이 기본적으로 논리적 흐름을 가지기 위한 최소한의 구성이다. 특히 릴스, 쇼츠 같은 숏폼이라면 10~12문장 정도가 들어가는 30~40초 영상으로 구성되고 어떤 것을 소개하거나 인터뷰 식의 영상이 특히 많이 쓰인다.

위와 같은 스토리를 입히며 콘텐츠의 3대 분류인 에듀, 엔터, 다큐 중 하나의 형식을 취하는 형식의 콘텐츠가 가장 많다고 볼 수 있다.

에듀(정보)

교육적이거나 혹은 각종 이익과 손실에 대해 주로 이야기하는 콘텐츠다. 뭘 하면 좋고, 나쁘며, 신기한 사실(호기심 자극) 등 결국 인간의 생존 본능을 건드린다. 지식 콘텐츠, 꿀팁 콘텐츠류가 많다. 품위도 있고 찍기도 쉽기에(대부분 책상에 앉아서 촬영) 많은 기업, 기관, 개인 모두 거의 제일 처음부터 무난하게 시작하는 콘텐츠이다. 특히 인간의 가장 강한 감정인 '생존 본능'을 자극하는 것은 바로 이득과 손실을 강조하는 스토리로 정보성 콘텐츠에 속한다고 볼 수 있다.

에듀 콘텐츠 기획 예시

구분	대본	화면 구성
기(도입/후킹/문제 제시)	월 2만 원에 전자책을 빌릴 수 있다고요?	책 10권 쌓아두고 2만 원 보여 주는 장면
승(전개/심화/배경 정보)	이번에 OO 문고에서 실제 그런 서비스를 론칭했습니다.	스마트폰 속 해당 앱 보여 주기
전(절정/핵심)	만화책부터 실용 서적까지 맘껏 볼 수 있었는데요, 직접 써 보니 마음껏 책을 보면서 돈도 많이 아껴지더라고요.	베스트셀러 여러 권 화면에 띄우기
결(결론/마무리/메시지)	책 좋아하는 분이라면 2만 원으로 책 천국을 맛볼 수 있으니 꼭 이용해 보세요!	천국의 천사 같은 이미지 연출

* 위와 같이 대본은 물론 화면 구성까지 함께 써 보는 것이 좋다. 미리 머릿속으로 결과물을 상상하며 촬영 장소, 장비, 소품 혹은 편집 프로그램까지 생각해 볼 수 있다.

엔터(밈/유행 등)

엔터테인먼트 콘텐츠의 대표 주자는 역시 밈(meme)이라 볼 수 있다. 유

엔터 콘텐츠 기획 예시: 상황극 구성

구분	대본	화면 구성
기(도입/후킹/문제 제시)	여: 이 옷엔 주머니가 없어서 불편해 남: 괜찮아. 내 주머니에 뭐든 있어.	남녀가 손잡고 공원을 걷는 중
승(전개/심화/배경 정보)	여: 배가 고픈데 치킨 있어? 남:(주머니에서 치킨을 꺼내며) 이 브랜드 괜찮아?	남녀 대사 맞춰 번갈아 보여 주기
전(절정/핵심)	여: 뭐야 그럼 우리 엄마도 있어? 남: 잠깐만, 자, 여기 나오시네.(주머니에서 한 여성이 나온다)	남자 주머니 보여 주기
결(결론/마무리/ 메시지)	여: 아니 잠깐, 일단 나 백 원만 줘 봐. 남: 그건 없는데? 요즘 누가 현금 써.	당황한 여자 얼굴로 끝

엔터 콘텐츠 기획 예시: 맛집 콘텐츠

구분	대본	화면 구성
기(도입/후킹/문제 제시)	후쿠오카 라멘집 웨이팅 3시간 뚫고 다녀왔 습니다.	라멘집 전경, 멀리 서 가까이 다가가 며 촬영
승(전개/심화/배경 정보)	여긴 텐진 쪽의 신타로 라멘야라는 집인데요, 밤에만 하는데도 웨이팅이 벌써 이만큼입니 다. 겨우 입장해서 돈코츠 라멘 풀 토핑으로 시켰는데 비주얼이 무조건 합격!	간판 클로즈업 웨이팅 라인 전체 보여 주기
전(절정/핵심)	국물 한 입 해 보니 와 미쳤습니다. 진하고 부 드러운 돈코츠 육수에 내가 녹을 것 같더라고 요. 가격도 저렴하네요!	가게 들어가는 장면 라멘 나오는 장면 먹는 장면
결(결론/마무리 /메시지)	웨이팅 하나도 안 아까운 맛이었습니다!	빈 그릇 내려놓는 장면

행하는 것을 따라 하는 방식은 언제나 가능성이 열려 있고 소재도 끊기지 않는다. 요즘 유행하는 밈, 트렌드를 자기 분야, 주제에 맞게 재해석하여 연출한다면 소재가 무궁무진해질 것이다. 다만, 재해석은 늘 중요하다. 있는 그대로 거의 똑같이 따라 하는 것이 아니라 내 정체성에 어울리게 재해석해 따라 해야 한다.

또한 엔터테인먼트 분야에는 1인 혹은 다인 상황극으로 재미와 공감이 있는 상황을 재연하거나 메시지를 전달할 수도 있고, 댄스, 노래, 립싱크, 트랜지션, 묘기, 마술, ASMR, 실험, 도전 등 대중에게 즐거움을 선사할 수 있는 다양한 분야가 존재한다.

다큐(기록)

소위 브이로그(V-log)라고 불리는 분야인데 일상, 사업, 여행, 특정한 과정 등을 기록하며 공유하는 스타일이다. 일반인이 하기는 좀 어려운 분야인데, 소재 자체가 너무 평범하기 때문이다. 그래도 특별한 포인트가 있거나 연기력이 좋거나 기타 사유가 있다면 도전해 볼만하다.

기록형 영상에서 기획력이란 일상적인 기록들에서 특히 어떤 장면을 어떤 식으로 연출하여 메시지를 뽑아내느냐일 것이다. 특히 요즘은 강아지, 고양이 등 반려동물과 함께하는 시간과 그중 재미있던 모습, 장면을 살려서 편집하는 다큐 스타일 영상도 인기이다. 이는 다큐와 엔터의 경계에 있다고도 볼 수 있다.

다큐 콘텐츠 기획 예시

구분	대본	화면 구성
기(도입/후킹/문제 제시)	오늘도 우리 강아지에게 심장 폭행당했어요.	멀리서 뛰어오는 강아지 촬영자는 손만 나온다.
승(전개/심화/배경 정보)	대사 없음	오자마자 배를 까 보이는 강아지
전(절정/핵심)	대사 없음	배를 만지는 주인공
결(결론/마무리/메시지)	너 오늘 목욕 좀 해야겠다.	소리 내며 도망가는 강아지

8

영상 기획 2단계

후킹 심화

모두가 후킹, 후킹 하는 세상

숏폼의 세상에선 초반 2~3초가 80~90%의 역할을 하곤 한다. 일단 시청 되느냐 마느냐, 시청자가 엄지를 넘기느냐 마느냐가 애써 만든 영상의 시청 여부를 결정하여 전체 성과를 결정한다는 것이다. 이는 기승전결 구조에서 '기'에 해당하며, 그 첫 2~3초에 시청자가 떠나지 못하고 시청하도록 사로잡는 기술을 후킹(hooking)이라고 한나. 후킹이 상하변 사람들의 시선을 사로잡아 멈추고 시청하게 하며 후킹이 약하면 그냥 넘어가게 한다는 것이다.

이 후킹을 그저 자극적인 첫 장면, 첫 한 마디라고만 지칭할 수는 없다. 숏폼 영상과 정보가 넘치는 세상에서 기존에 천편일률적으로 반복되던 영상의 패턴을 깨 버리며(남다름), 인간의 감정, 욕망을 건드릴 수 있는 종합 예술에 가깝다 볼 수 있다.

후킹의 세 가지 종류

1) 언어 후킹

첫 한 마디의 힘이다. 인간의 감정, 욕망을 건드릴 수 있는 한 마디를 먼저 빠르게 던짐으로써 시청자 이탈을 방지하고 계속 시청하도록 한다.

세상에 SNS가 나온 지 벌써 10년이 넘었으며 그간 어떤 첫 문장을 던지면 사람들이 멈추고 보는가에 대한 연구가 이뤄지기도 했다. 그런 첫 문장이 후킹 문장이다. 숏폼 기획자들은 숏폼을 보다가 괜찮은 후킹 문장이 보이면 따로 기록해 두며 후킹 문장을 100~200개씩 모아 두기도 한다.

> **언어 후킹(후킹 문구) 예시**
>
> - 후쿠오카 30번 다녀온 사람이 알려주는 로컬 맛집 탑 5
> - 이제 카페 사장님들은 정말 큰일 났습니다.
> - 다이어트에 천만 원 써 본 사람이 알려드려요.
> - 아인슈타인이 기억력에 대해 이런 말을 했습니다.
> - 노래 잘하려면 이것 하나만 기억하세요.
> - 여드름이 고민이라면 이 게시물을 꼭 저장하세요.
> - 한국 사람 90%는 모르는 폰 사는 방법

- 이 옷도 만 원인데, 이 옷도 만 원입니다.
- 저도 너무 충격받은 쉬운 족발 요리법입니다.
- 이건 정말 솔직히 밝혀야 합니다.

위와 같이 릴스를 보며 스스로 조사하거나 챗지피티에 시키는 등의 방법으로도 후킹 문장을 뽑고 활용할 수 있다. 이런 후킹 문장을 반영해 영상의 첫 장을 작성해 보자. 기존의 밋밋한 기승전결의 기초적 흐름에서 초반에 시선을 빼앗는 독특한 흐름을 가미하도록 말이다.

2) 시각 후킹

첫 장면의 힘이다. 처음에 엉뚱한 방식으로 인물이 등장하든, 마이크가 위에서 떨어지든, 갑자기 한 남자가 무작정 립스틱을 바르며 첫 대사를 하든 엄청난 크기의 역기로 스쿼트를 하면서 말을 하든 다양한 방식으로 시각적 남다름을 줄 수 있다. 이는 시청자가 멈칫하다가 첫 문장을 듣게 하며 그 이후 시청까지 이어지게 한다.

시각 후킹 예시

1. 뒤로 걷기: 보통 앞으로 걸으며 이야기하는 콘텐츠는 흔하지만, 뒤로 걷는 콘텐츠는 흔하지 않다.

2. 던져지는 마이크 받아서 이야기 시작하기: 누군가 혹은 스스로 마이크를 던져 주면, 그것을 받아서 첫 문장을 던지는 스타일로 매 영상에서 창의적으로

던지고 받는 것이 반복되면 후킹을 넘어 보는 이들에게 각인되기 시작한다.

3. 점프 컷: 주로 요리 같은 콘텐츠에서 많이 쓰이는데 영상을 잘게 잘라 끊어지
   는 듯한 효과이다. 그래서 요리 전체 과정이 아주 빠른 리듬으로 보이고 음악
   과 함께 잘리는 타이밍을 조절하면서 재미를 더하기도 한다.

4. 거울 속 내 모습: 거울 속을 바라보며 출연자가 대사를 연기한다. 독특한 카
   메라 앵글로 순간 시청자들의 엄지를 멈출 수 있다.

5. 스티치(Stitch): 주로 해외에서 유행하는 밈의 2~3초 정도 한 장면(넘어지거
   나, 춤을 추거나, 운동 장면 등)을 내 영상 앞에 붙이는데, 그 영상과 내 영상
   의 전환이 재미있거나 신기하게 만드는 후킹법이다. 남의 영상을 다운로드
   받아 써야 하기에 저작권에서 완전 자유롭기는 힘들다. 해당 게시물의 설명
   란에 원작자를 태그 걸어 주면서 쓰도록 한다. 이미 수백, 수천 명이 그 영상
   을 스티치로 활용하고 있다면 비교적 안전한 편이라 볼 수 있다. 물론 대기업
   이나 기관에서는 되도록 쓰지 말아야 한다.

6. 쌍둥이 효과: 마치 내가 쌍둥이인 듯 두 명의 내가 있는 영상으로 시작하는
   후킹이다. 한 명은 긍정, 한 명은 부정 같은 대비적인 무언가를 이야기하거나
   질문, 대답할 수도 있다. 같은 조명의 같은 장소에서 두 번 찍어서 배경 제거
   편집 등으로 잘라 붙이면 되는데 생각보다 어렵지 않다.

7. 줌인: 5~10m 이상의 먼 거리에서 갑자기 렌즈 줌인으로 출연자를 확대하며
   영상이 시작되는 후킹이다. 초반 1~2초 만에 빠르게 대중 속에 있는 날 찾
   는 느낌의 후킹으로 많이 쓰인다. 물론 카메라에 줌 렌즈가 있는 경우 유리
   하지만, 요즘은 핸드폰이나 편집 프로그램에서도 충분히 구현이 가능하다.

8. 동작하며 말하기: 운동, 요리 등 가벼운 행동을 하며 첫 문장을 시작하는 기
   법이다. 요리하면서 살아온 이야기를 한다든가, 팔굽혀펴기 같은 운동을 하
   며 사업할 때 중요한 점을 이야기하는 등 동작과 이야기가 같이 진행되어 지
   루한 느낌을 없애는 기법이다.

3) 문자 후킹

주로 영상의 상단 제목 부분이다. 9:16 세로 형태의 숏폼 영상은 영상 윗부분을 조금 남겨 영상 제목을 쓰곤 하는데 이 제목으로 사람들의 시선을 잡을 수 있다.

첫 문장은 안 듣고도 넘길 수 있지만 상단 제목은 웬만하면 일단은 시청자에게 노출되기에 특히 릴스 초보나 아직 팬층이 약한 분들에겐 반드시 권장한다.

첫 문장 후킹인 언어 후킹과 비슷한 개념이지만 이렇게 시각적으로 드러날 수 밖에 없는 형태이기에 때에 따라 언어 후킹보다 더 강력하다고도 볼 수 있다.

> **문자 후킹 예시**
> (이 문장들이 릴스 영상 윗부분에 쓰여 있다고 생각해 보자)
>
> - 방구석에서 PC로 월 2천 버는 고등학생
> - 집에서 담배 피워도 냄새 안 나는 우리 아빠의 비밀
> - 평생 사이좋은 부부들의 장난 비결
> - 도쿄 ○○의 무서운 비밀!
> - 역대급 야구 모멘트 톱 5

상단 제목 후킹 예시: 욕처럼 들린다는 문구가 빠르게 호기심을 준다. @siizu9_

세 가지 후킹을 모두 쓰면 더 강하다

언어, 시각, 문자 후킹. 이 세 가지를 한 가지씩 쓰기보다 모두 쓸 수 있다면 더 강력한 후킹이 완성된다. 사람의 눈과 귀를 훔치는 첫 대사, 영상 상단의 제목 그리고 독특한 첫 장면 연출이 함께 담겨있는 영상이라면 일단 시청이 이뤄지며 조회수가 폭발할 가능성이 높다. 물론 그 뒤에 몰입감 있는 내용이 나와야겠지만 말이다.

한 가지 후킹의 장인이 되는 것도 좋지만 세 가지를 적절히 다 쓸 수 있도록 노력해 보자. 똑같은 내용의 영상이라도 이 세 가지 후킹을 어떻게 활용하느냐에 따라 결과는 천차만별이 된다.

영상 기획 3단계

영상의 시작과 끝

시작할 때 살짝만 보여 주면 궁금해 미치는 복선

복선(Foreshadowing)이란 영상 초반부에 기대치를 부여해 시청자들로 하여금 뒤가 궁금하게 만드는 기술이다. 특정한 언어, 행동, 상황 설정 등으로 그 뒤에 무슨 일이 벌어질지 궁금하게 만드는 것이다.

복선을 담은 대표적인 예시 콘텐츠는 이런 식이다. 대형 풍선을 한 개 든 남자가 있고 화면 위쪽엔 숫자 1이 보인다. 이 장면만으로도 풍선 숫자가 늘어나면 남자가 결국 하늘로 떠오를 것이란 기대를 하게 된다.

동시에 '풍선 몇 개면 하늘을 날 수 있을까?'라는 궁금증이 생기고, 사람들은 결과를 보기 위해 끝까지 영상을 시청한다. 바로 4억 명의 구

4억 명 구독자의 미스터 비스트 @mr.beast

독자를 가진 미스터 비스트의 히트 영상(5.2억 조회수)이다.

복선 예시

- 다이어트로 일주일간 삼겹살만 먹어 봤습니다.
- 헤어진 전 여친과 일주일간 수갑을 차고 생활하면 천만 원 드립니다.
- 피시방에서 100시간을 살 수 있을까요?
- 무일푼으로 독도까지 걸어가 봤습니다. 얼마나 걸렸을까요?
- 그 유명한 떡볶이 원가는 정확히 얼마일까 계산해 봤습니다.

복선을 깔아주는 첫 문장은 후킹의 일종이지만 중요한 건 초반 영상 구성에서 궁금증을 동시에 줘야 한다는 것이다. 다이어트로 일주일

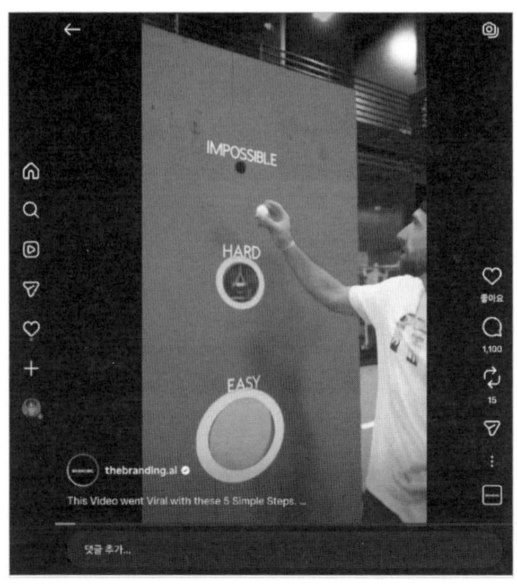

큰, 중간 사이즈, 매우 작은 구멍 세 개에 골프 공을 넣는 도전이라
는 복선. 말이 필요 없이 상황 세팅만으로 복선을 깔며 뒤를 궁금하
게 한다. 과연 몇 번 만에 성공할 것인가?

간 삼겹살만 먹어 봤다는 콘텐츠의 초반 영상 구성은 다음과 같은 방
식이 될 것이다.

① 쟁반에 산처럼 쌓인 삼겹살 내려놓는 장면(1~2초)

② 비포 애프터 사진(1~2초)

③ 체중계에 올라가서 체중계 숫자가 움직이고 있는 장면(1~2초) → 이때
결과는 절대 보여 주지 않는다.

즉, 답이 보이기 직전까지 보여 주는 초반부를 구성하는 식이다.(단순

하이라이트를 초반에 제시하는 것이 아니다)

특히 말이 필요 없는 비언어적 요소(논버벌: Non Verbal)로 복선을 깔아 주는 경우도 많다. 국내뿐 아니라 해외에서도 즐길 수 있기에 바이럴됐을 경우 엄청난 조회수가 나올 수도 있다.

논버벌 콘텐츠 복선 예시

손흥민 선수가 페널티킥을 준비하는데 축구 골대에 골키퍼 복장을 한 사람이 5명 서 있는 첫 장면
→ 다섯 명의 골키퍼가 있는데도 성공할 수 있을까?

골프채를 든 남자와 큰 구멍, 중간 구멍, 아주 작은 구멍이 뚫려 있는 보드판이 있는 첫 장면
→ 골프채로 공을 쳐서 저 구멍에 넣으려고 하는 것 같은데? 작은 구멍까지 성공하는 데 얼마나 걸릴까?

위 두 예시 모두 말이 필요 없어 전 세계인이 즐길 수 있고, 바이럴될 경우 폭발적인 조회수가 예상된다.

첫 한 마디와 첫 장면의 구성(두세 장면일 수도 있으나 되도록 한두 장면이 좋을 것)이 복선을 나타낼 수 있을 때 시청자는 자연스럽게 스크롤을 멈추고 계속 시청해 나가며 끝까지 시청할 가능성이 높다. 또 완전시청률(완시율)이 높아지며 바이럴로 이어질 가능성도 높여 준다. 콘텐츠에서 복선을 깔 수 있는 기획은 무엇인지 생각해 보자.

1) 결과의 '직전'을 먼저 보여 줘라

초반 부분에서 결론(끝)을 다 보여 주지 말고, 한 발짝 전에서 끊어라. 그 뒤가 어떻게 되는지 궁금해 미치도록!

2) 결과보다 '맥락'이 궁금하게 만들어라

단순히 "싸웠다"보다 "왜 싸웠을까?"가 더 궁금하다.

3) 타이틀·자막에 의문문을 써라

"이 사람, 진짜 하늘을 날까?" "이 메뉴, 진짜 복귀될까?" 같은 식으로 궁금증을 유발하는 영상이라면 의문문 자막을 넣는다.

4) 시각적 긴장감을 초반에 배치하라

담배 100개를 한 번에 피우는 영상 콘텐츠라면 연기 자욱한 장면보다 불 붙이기 직전 장면을 먼저 보여 주는 것이 궁금증을 더 키운다.

5) 도중에 의심을 유도하라

"과연 성공할 수 있을까?" "진짜 실험이 맞나?" 같은 중간 복선도 깔아 준다.

이용자는 영상을 클릭한 이유가 있다. 그 이유를 먼저 충족시키고, 이후에 반전이나 추가 보상을 줘야 끝까지 본다. 좋은 콘텐츠는 보고 싶게 만든 콘텐츠다. 후킹 중에서도 복선은 콘텐츠를 계속 보게 만드는 핵심 방법이다.

시작 인사와 끝인사는 빼라

시작과 끝부분에서 인사, 자기소개는 빼자. 영상 초반에 생판 모르는 사람의 자기소개를 버티며 봐줄 사람은 흔치 않다. 또한 끝인사 역시 보지 않고 이탈하는 경우가 많아 영상의 완전시청률만 망칠 뿐이다. 인사, 소개는 모두 자막으로 대체하거나 설명란에서 대체하는 것이 좋다.

시작 인사 없이 첫 문장을 바로 후킹으로 시작하며, 특히 영상의 마지막 부분에서 의미 없는 홈페이지 소개, 좋아요 및 구독 부탁 등을 하지 않는 것이 좋다. 영상 끝부분은 차라리 황급히 끝나는 느낌이 좋은데, 이런 것을 '피크 엔딩'이라 부른다.

박수칠 때 떠나라, 피크 엔딩!

영상의 끝을 질질 끌어선 안 된다. 특히 영상의 핵심, 재미, 감동은 다 끝났는데 부연 설명, 정리, 마무리, 끝인사 등의 장면이 지속되어선 안 된다. 과감히 박수칠 때 떠나야 한다.

영상의 재미, 감동 등 감정이 최고조일 때 바로 끝내는 것을 피크 엔딩(Peak Ending)이라 하는데 영상이 갑자기 끝나는 느낌이 들어 이상하게 느껴질 수도 있다. 하지만 심리학의 '최신성 편향(Recency Bias)'에 따라 감정이 최고조일 때 영상이 끝나면 그 감정대로 영상과 크리에이터가 기억에 남게 된다.

그래서 요즘 여러 크리에이터의 영상을 보면 끝부분이 거의 없는 듯 연출하는 경향이 있고, 심지어 누군가 갑자기 입을 막는 듯 말이 다 안 끝났는데도 영상이 끝남으로서 재미를 더욱 배가시키기도 한다. 이는 영상 끝나는 시점을 몰라 끝까지 시청하게 되는 경향까지 만들어 완전시청률을 올리기도 한다.

피크 엔딩의 장점 네 가지

1) 강한 인상을 남긴다

결말이 명확하지 않아도 괜찮다. 오히려 여운을 남기면 '기억에 남는 콘텐츠'가 된다. 완결되지 않은 과제나 경험이 완결된 것보다 더 오래 기억에 남는다. 심리학 이론인 자이가르닉 효과(Zeigarnik Effect)에 따르면 인간은 확실히 마무리된 스토리보다 열린 결말처럼 해결되지 않은 상태인 것들을 더 강하게 기억한다고 한다.

2) 시간 대비 효율이 높아진다

짧고 임팩트 있게 끝나면 영상 길이 자체가 줄어들어 완전시청률이 상승한다. 이는 알고리즘이 추천 콘텐츠로 판단할 가능성을 높인다.

3) '다음 편'에 대한 기대감을 만든다

이야기가 끝난 듯 끝나지 않았기 때문에, 다음 콘텐츠에 대한 궁금증을 유발하기 좋다. 시리즈 운영이나 계정 팔로우 유도에도 효과적이다.

4) 마무리는 완성보다 '감정의 절정'에서

릴스는 '이야기의 완결'을 보는 콘텐츠가 아니다. 한순간의 감정, 한 개의 메시지, 하나의 몰입만 제대로 주면 된다.

스토리텔링은 끝맺음보다 '끊어냄'에서 더 큰 힘을 발휘할 때도 있다. 그러니 다음 릴스를 편집할 때는 이렇게 되물어보자. "이건 꼭 끝까지 보여줘야 하는가, 아니면 지금이 가장 강할 때인가?"

끝난지 모르게 하면 반복 시청되는 루핑

루핑(Looping)이란 영상 끝 장면이 다시 맨 처음 장면과 자연스럽게 연결되며 무한 반복이 되는 스타일의 영상을 말한다. 루핑 방식으로 편집하면 시청자들은 영상이 언제 끝나는지 모른 채 시청하다 두 번째 혹은 계속 반복해서 시청하게 된다. 영상을 100% 시청하는 완시율(완전시청률)이 알고리즘에선 상당히 중요하기에 루핑을 통해 영상은 100% 시청

되고 심지어 반복 시청으로 조회수도 올리는 방식이다.

여기서 알 수 있는 건 영상의 끝을 인사, 정리, CTA(댓글, 좋아요 부탁드려요 같은)같은 방식으로 하는 것은 오히려 완전시청률을 떨어뜨린다는 점이다. 보통 영상 끝에 그런 인사를 해야 정식 방송 같다는 인식을 가지고 끝인사를 꼭 하려는 분도 있다. 하지만 숏폼 세상에선 영상의 뒤가 늘어지며 재미없다는 인상을 남기며 시청자들이 더 일찍 영상에서 이탈하게 만든다.

한때 1초짜리 영상들이 큰 인기를 끈 적이 있는데 완전시청률이 높아서인지 알고리즘을 타고 세계에 퍼진 적이 있다. 1초 영상엔 내용도 없다. 정말 한 장면, 효과음 하나 정도의 영상들이었다.

많은 사람이 1초 영상을 만들었고, 보는 이들도 잠깐 신기했지만 알고리즘이 보강되며 별 내용이 없는 1초 영상은 더 이상 퍼지지 않았다. 하지만 영상이 완전 시청되는 것의 힘을 보여준 경우였다고 생각한다.

루핑 영상과 피크 엔딩은 비슷한 원리다. 언제 끝나는지 모르게 하면 넘길 수 없다.

10

영상 기획 4단계

육하원칙의 창의적 변주

사람, 사물, 방식, 장소, 시간을 살짝 변주해 보자

1단계의 기승전결 구도, 2단계의 후킹, 3단계의 복선과 감정 최고조점 엔딩 등을 적용해서 시리즈를 기획하고 있다면 이제 마지막 단계로 독특한 관점을 만들어 봐야 한다. 창의성이 특히 눈에 띄는 단계라 볼 수 있다.

창의성이란 전혀 새로운 것보다 기존의 것과 유사하지만 새로운 점이 있을 때 사람들이 더 쉽게 받아들이며 기존의 것들을 새로운 관점으로 재해석할 때 주로 발휘된다. 무에서 유를 창조하는 수준이 아니란 말이다.

주로 육하원칙의 누가, 언제, 어디서, 무엇을, 어떻게, 왜라는 여섯 가지 요소들에 변주를 줌으로써 독특한 장면, 아이디어가 연출되는 경우가 많은데 그 방향성은 말 그대로 무한하다.

육하원칙 변주 예시

- 기본: 40대 후반 남자가 혼자 미국 여행을 간다.
- 누가: 12세 소년 소녀가 단둘이서 미국 여행을 간다.(부모님 없이)
- 언제: 40대 후반 남자가 1월 1일 1시 1분에 미국 여행을 간다.
- 어디서: 40대 후반 남자가 독도부터 미국까지 혼자 여행을 간다.
- 무엇을: 40대 후반 남자가 평균 나이 110세 미국 소도시를 혼자 여행한다.
- 어떻게: 40대 후반 남자가 단돈 5만 원으로 미국 여행을 간다.
- 왜: 소아암 환자를 위해 1km당 1만 원 기부 마라톤으로 40대 후반 남자가 미국 횡단 여행을 한다.

위와 같이 육하원칙을 뒤틀어 새로운 관점을 주면 단순 미국 여행이라는 콘텐츠가 더 넓은 의미와 창의성을 가진 콘텐츠로 탈바꿈한다. 물론 위는 예시일뿐 여러분이 더 다양하게 육하원칙을 틀어보면 된다.

나 혼자? 여럿이? 아침에? 밤에? 놀기 위해? 대의명분을 가지고? 피아노 연주로 돈을 벌면서? 한국어 과외로 돈을 벌면서? 선물을 주면서? 다양한 요소를 뒤틀어 이미 존재하는 영상 컨셉에 변주를 줄 수 있다.

1) '누가'를 뒤틀면

20대 남성이 치킨 열 마리를 먹는 먹방을 하면 특이점이 없지만 100세 할머니나 3세 유아가 그러면 특이점이 온다. 20대 남성 두 명이 나이트에 가서 춤을 추면 일상이지만 환갑인 아버지와 30대 아들이 나이트에서 춤을 춘다면 뉴스가 된다.

30대 여성 두 명이 여름휴가로 일본 여행 가는 콘텐츠는 특이점을 찾기 힘들 정도로 흔한 콘텐츠이지만 1세에서 30세까지 한 명씩 선정하여 총 30명이 여름휴가로 일본 여행을 간다면 볼만한 요소들이 생길 수 있다. 위 두 경우는 모두 누가(주어)를 뒤틀고 강조한 경우다.

2) '상황'(언제, 어디서, 왜)을 뒤틀면

밤 12시에 공동묘지에서 도시락을 먹으면 어떨까? 시간, 장소만 뒤틀어도 단순한 먹방이 호러 콘텐츠가 된다. 하루 1만 보 걷기 챌린지에서 1보당 1원을 기부하는 형식으로 영상을 만들어 반지하 고시원에 사는 분들의 집에 홍수 대비 안전장치를 설치해 드리면 어떨까? '왜'에 변주를 주는 콘텐츠로써 좋은 의도를 가진 콘텐츠는 호감을 사기 쉽다.

3) '무엇을, 어떻게'를 뒤틀면

한 일반인이 걸어가고 있는 가수 존 박 뒤에서 존 박 노래 버스킹을 하면 어떨까?(존 박 유튜브 참조) 원래는 단순한 버스킹이지만 그것을 어떻게 하느냐를 뒤튼 경우이다. 가수 뒤를 쫓으며 노래하는 발상이니 '어디서'에 변주를 준 것이라 볼 수도 있겠다. 혹은 엄청난 대식을 하는 먹방 크리에이터들도 '무엇'과 '어떻게'를 뒤튼 경우라 볼 수 있다.

한국인 또는 외국인이 한국어, 한국 관광지, 한국 음식을 소개하는 콘텐츠는 세상에 많다. 하지만 외국인이 강남, 홍대 등에서 일일 알바를 하며 한국어, 한국 음식, 한국 문화를 배우고 소개하는 콘텐츠는 어떨까? 캐릭터만 잘 받쳐준다면 충분히 성공 가능성이 높다고 생각한다.

이렇듯 육하원칙 요소들을 뒤틀고 붙여낸 조합이 어떤 구도의 영상을 만들 수 있을지 자주 생각하고 연습해 보자. 레퍼런스 영상을 시청하다가 위 요소를 자신만의 방식으로 독특하게 재해석해 보자. 아이디어란 관찰하고 생각하며 기록과 시도를 하는 이에게 오는 것이다.

매칭, 미스매칭 기획법 적극 활용!

매칭 기법(matching)과 미스매칭 기법(mismatching)은 이미 SNS 영상에서 많이 활용되는 기획법들로 위의 육하원칙 변주도 미스매칭에 속한다. 이 두 기법에 대해 잠시 알아보자.

먼저 매칭 기법은 우리가 이미 다 아는 것들을 더 극강조해서 보는 이의 극공감을 끌어내는 방식이다. 내 분야에서 일반인들도 공감할 수 있는 뻔한 것은 무엇이고 그걸 어떻게 연출하면 재미있을까 생각해 보자.

> **매칭 기법 예시**
>
> - 회사 회식 때 꼭 이런 사람 있다.(아부 잘하는, 너무 솔직해 분위기 망치는 등등)
> - 장기 커플 꼭 이러더라.(서로 너무 친구 같음, 과거 연애 다 알고 있음 등등)
> - 충정도, 경상도, 전라도 전화 통화 길이는?(충청도가 길게 말하더라)
> - 군대에서 꼭 이런 사람 있다.(고문관, 너무 FM, 체력 좋은, 건달 출신 등등)
> - 추석 때 꼭 이러더라.(결혼 안 하냐 묻는 큰 아버지, 용돈 안 주는 삼촌 등등)

미스매칭은 어울리지 않는 것들의 조합이 신선함을 주는 경우다. 육하원칙 변주처럼 누가, 무엇을, 어떻게, 왜, 언제, 어디서 등에 변주를 주며 우리가 평소 알던 것과의 간극을 벌리게 된다.

미스매칭 기법 예시

- 바리스타 세계 챔피언이 시골 다방에서 커피 맛 평가를 한다면?
- 150cm 남성과 190cm 여성이 데이트한다면?
- 폰으로 노래를 틀었는데 갑자기 가수가 내 옆에서 노래를 부른다.
- 결혼식 주례로 다섯 번 이혼한 선배를 데려온다면?
- 상대팀 유니폼을 입고 상대팀 팬 사이에서 상대팀을 응원한다면?

연출: 기획 의도의 극대화

창의적인 기획을 했다고 해도, 결국 그것을 어떻게 보여줄 것인가 하는 연출의 문제가 남는다. 연출은 기획에 종속되는 것으로, 기획 의도를 극대화하는 수단이다. 따라서 인물, 분장, 장소, 소품, 연기 톤, 시간 등의 영상 요소를 기획 의도 전달에 맞춰 신중하게 결정해야 한다. 즉, 전달하려는 감정선에 맞춰 모든 것이 결정되어야 한다.

연출에서 비싼 카메라나 뛰어난 외모의 출연자는 답이 아니다. 기획 의도에 적합한 것이 우선이다. 예를 들어, 현장감을 살리기 위해 스마트폰으로 촬영할지, 캐릭터를 살리기 위해 50대 중년 남성을 주인공으로 할지, 주인공을 후줄근하게 입힐지 등은 모두 기획 의도에 따른 연출이어야 한다. 어떤 느낌인지는 컨셉 기획에 맞춰 표현력을 조절해야 하며, 그렇지 않으면 아이디어가 좋아도 의도나 감정이 제대로 전달되지 않는다.

연출은 내 기획이 대중에게 잘 전달될지에 대한 고민이자 표현이다. 그 감정선을 전달하기 위해 소품, 조명, 화질, 장소, 시간, 자막 스타일, 복장, 영상 초반부 구성 등 다양한 면모를 조절한다. 때로는 촌스러운 폰트나 흔들리는 스마트폰 영상이 오히려 재미와 몰입감을 높이기도 한다.

SNS에서는 '날 것의 느낌'이 강조되며, 더 솔직하고 색다른 표현이 인기를 끈다. 연출은 결국 전달력이며, 내가 의도한 바나 감정이 대중에게 잘 전달되는 것이 중요하다. 따라서 영상의 초반 구성, BGM 사용, 자막 스타일 등을 기획 단계에서부터 고민해야 한다. 어떻게 보이는 영상을 만들어 어떤 감정을 줄지, 혹은 댓글 등에 어떤 반응이 있을지를 생각하며 연출 계획을 세우는 것이 도움이 된다.

연출 기획을 위한 질문 예시

- 한국 여행의 설렘을 전달하려면 액션캠이 좋을까 DSLR 카메라가 좋을까?
- 코믹한 메시지를 전달하려면 밤낮 중 언제를 배경으로 하는 것이 좋을까?
- 로맨틱한 메시지를 전달하려면?
- 유익한 느낌을 강조하려면 어떤 폰트와 편집 효과를 주는 것이 좋을까?
- 디자이너를 붙여 자막, 효과 등을 화려하게 하는 것이 지식의 깊이가 더 깊어 보일까?
- 이 사람의 고생과 감동의 감정을 전달하려면 스튜디오 촬영이 좋을까 아니면 그의 하루 일과를 따라다니는 동선이 좋을까?
- 이 사람의 연봉부터 이야기를 할까 아니면 어렸을 적부터 시간선을 타고 오는 것이 좋을까?

11

스토리와 스토리텔링

사실은 잊혀지고 스토리는 남는다

스토리는 콘텐츠에서 가장 강력한 힘을 발휘하는 요소이다. 인간의 뇌는 건조한 사실(Fact)이나 단순 정보를 접할 때보다, 사건과 감정의 흐름이 담긴 이야기(Story)를 접할 때 감정과 경험을 담당하는 영역까지 동시에 활성화한다.

이는 시청자가 마치 그 일을 직접 겪는 것처럼 느끼게 하여 스토리를 단순한 기억을 넘어 강하게 각인시킨다. 이러한 감정적 연결은 곧 크리에이터에 대한 친밀감과 신뢰로 이어져 콘텐츠 운영의 핵심 동력이 된다. 따라서 좋은 콘텐츠를 기획하고 싶다면 사실(Fact)보다 사연(Story)을 적극적으로 활용해야 한다. 어떤 서사를 만들어 나갈 것인가?

스토리와 스토리 텔링은 다르다

누구에게나 스토리라는 재료가 있고 스토리를 만들어 낼 수 있다. 이때 특정한 부분을 강조하면 스토리가 더 풍성해지고 날카로워진다. 내가 원하는 방향으로 전달되게 만드는 스토리텔링을 위해선 정보의 전달 순서, 말투, 카메라 줌이나 앵글의 활용, BGM 등 다양한 요소를 활용하는 것이 좋다. 더불어 받아들이는 사람의 시선에서 콘텐츠의 이야기가 매력적인지 판단해 본다.

> **스토리와 스토리텔링의 차이**
>
> • 스토리(Story)는 '내용'이다. 사건, 경험, 사연, 깨달음, 그 자체.
> • 스토리텔링(Storytelling)은 그 스토리를 어떻게 전달(telling)하느냐다.

같은 경험을 한 사람이 있어도, 누구는 울리고 누구는 웃긴다. 어떤 사람은 평범한 회상처럼 들려준다. 차이는 바로 '텔링'에 있다. 이는 영상에서 '연출'과 비슷한 개념이다. 같은 장면, 같은 배우여도 조명, 음악, 카메라 각도, 편집에 따라 완전히 다른 감정을 준다. 스토리는 소재이고, 스토리텔링은 연출이다.

어떤 스토리를 꺼낼 것인가? - 스토리 발굴의 기술

좋은 스토리텔링은 재료부터 다르다. 내가 어떤 이야기를 꺼내야 사람들에게 닿을까? 다음 기준으로 스토리를 발굴해 보자.

1) 변화가 있는 이야기

전/후의 변화가 뚜렷할수록 메시지가 강력하다. "나는 원래 ~했는데, 지금은 ~다." 식의 이야기를 만들어 본다.

2) 감정이 있는 이야기

두려움, 눈물, 분노, 설렘, 후회 같은 생생한 감정이 담겨야 한다.

3) 교훈이 있는 이야기

내 경험을 듣는 사람이 '그래서 나에겐 어떤 의미가 있을까?'를 떠올릴 수 있어야 한다.

4) 공감 가능한 이야기

너무 특별하지 않아도 된다. 오히려 사소하고 보편적인 이야기가 사람들의 마음을 흔든다.

> **예.**
> "나는 사업 시작하고 세 번이나 망했다." (정보)
> → "사업이 세 번째 망한 날, 나는 종로의 편의점에서 삼각김밥을 먹으며 먼 하

스토리의 종류

1) 실패, 성장기

전공 분야, 직장, 인간관계, 건강 등 다양한 분야에서 우린 성공과 실패를 반복하며 살아간다. 그것들의 과정이나 기억할 만한 사건들을 하나씩 스토리로 만들어 본다. 실패, 성장, 성공 사이에는 많은 갈등과 카타르시스도 존재한다. 누구에게나 삶의 성공, 실패, 성장, 좌절 등의 사연이 있기에 공감도 잘 된다.

2) 업적

'성장 드라마'라고도 볼 수 있다. 다만, 잘난체와 혼동해선 안 된다. 섣부른 업적 나열은 질투심이나 부정적인 감정을 불러온다. 원하는 목표 지점이 있고 그것을 향해 점차 전진해 가는 모습으로 스토리를 공개하는 것이 좋다.

3) 내 분야

자기 분야의 산업 동향, 신기한 사실, 커리어 패스, 아이템 등을 활용해 스토리를 만들 수 있다. 단, 제품 스펙만 이야기해서 광고가 되어 버려선 안 된다. 해당 업계의 일원으로써 친절히 소개하고 공유한다는 느낌이 들어야 한다.

4) 이직

직업을 바꾸는 것은 한 사람의 인생에서 큰 변곡점이며 주변인들도 많이 궁금해하는 지점이다. 만약 이직을 하거나 혹은 전혀 다른 분야에서 창업을 하게 되었다면, 자기 삶을 바꾸게 된 계기와 그 여정을 공유하며 풀어 가는 것이 좋다.

5) 사업의 흐름

소상공인, 소기업, 아니면 1인 기업이라도 사업을 시작하면 매일 문제를 마주하고 풀어나가야 한다. 그 문제들을 어떻게 받아들이고, 어떻게 헤쳐나가는지 공유하며 공감 스토리를 풀어나간다. 단, 징징대는 듯한 느낌이 아니라 긍정적으로 풀어나가는 느낌을 주도록 노력한다.

6) 가정사

가족과의 스토리를 풀어 가며 오늘날 내가 왜 이렇게 살게 되었는지 혹은 앞으로 어떤 목표 지점을 가지게 되었는지를 공유할 수도 있다. 가족이란 모두가 공감대를 갖기 가장 좋은 소재이기도 하다.

7) 대의명분

사회적 명분, 선행, 기부 등의 사연을 담거나 사회적 메시지(평등, 다양성 등), 사회적 약자 배려(장애인, 노약자 등)를 위한 메시지를 스토리로 만들 수 있다. 일과 기부, 봉사활동을 연계해 대의명분, 시대정신을 표현할 수 있다면 호감을 받을 것이다.

8) 개인사(가족, 애견, 애묘, 취미 등)

어떤 취미이든 남에게 피해만 가지 않는다면 그 취미에 흠뻑 빠진 모습을 보여 주며 스토리를 풀어나갈 수 있다. 캠핑, 골프, 여행, 음식, 술 등 다양한 경험을 하며 알게 된 것들을 나눌 수 있다. 강아지, 고양이 크리에이터들도 이쪽에 속한다.

스토리텔링을 설계하는 5가지 질문

스토리텔링을 잘하기 위해서는 구조화된 사고가 필요하다. 아래 5가지 질문으로 스토리의 틀을 잡아보자.

1) 이 이야기를 왜 하는가?

→ 어떤 목적으로 이 스토리를 전하는가? 대중에게 선물하고 싶은 것은 무엇인가?

2) 누구에게 하는가?

→ 대상에 따라 단어, 비유, 깊이, 문장 길이가 달라진다. 주변인 중 한 명을 대상으로 생각하며 스토리를 구상해 나가는 것도 방법이다.

3) 무엇이 달라졌는가?

→ 전/후의 변화 포인트가 분명해야 한다. 스토리의 흐름이 있어야 한다. 앞뒤 흐름의 변화가 스토리에 맛을 더해 준다.

4) 어떤 감정을 꺼내고 싶은가?

→ 감동, 웃음, 공감, 반성, 결심 등 감정의 방향을 설정한다.

5) 어떤 구도로 말할 것인가?

→ 1인칭 회고 / 3인칭 관찰 / 대화체 / 일기체 / 내레이션 등 텍스트 연출 방식을 선택한다.

스토리텔링 방식의 대표적인 유형

아래의 표를 보며 스토리텔링의 유형을 파악해 보자.

유형	설명	예시
회고형	과거의 경험을 반성하며 현재의 깨달음을 말함	"그때는 몰랐다. 왜 나는 그렇게 애썼을까."
문제-해결형	문제를 제시하고 해결 과정을 이야기	"계속 안 풀리던 인스타그램… 이 방법으로 반응이 달라졌다."
질문형	강렬한 질문으로 시작해 경험을 연결	"왜 우린 돈이 없을까요?"

대화형	둘의 대화 또는 내면의 목소리로 구성	"야, 너 그거 들어 봤어? / 응, 그래서 말인데…"
비유형	일상을 비유로 엮어 전달	"계정 운영은 마치 화초를 키우는 것 같다. 매일 조금씩, 꾸준히…"
일기형	감정을 날것 그대로 기록	"오늘은 그냥 너무 힘들었다. 이유는 잘 모르겠다."
서프라이즈형	반전 구조, 결말의 뒤집힘	"사실, 이 계정은 처음부터 나 혼자 만든 게 아니었다."

스토리텔링을 잘하고 싶다면? - 실전 팁

1) 대사처럼 써라

내레이션이 아니라 '사람 말'처럼 풀어내야 감정이 산다. "나는 그날, 깨달았다"가 아니라 "그날, 나 진짜 멍청했구나 싶었다" 식으로 써라.

2) 자세히 묘사하라

"힘들었다"보다 "속이 메스껍고, 어깨가 굳은 채 하루 종일 말이 안 나왔다"가 더 와닿는다.

3) 결말보다 과정을 강조하라

"성공했다"보다 "매일 새벽 5시에 일어나 영하 3도의 바람을 맞으며 걷던 시간"이 더 기억에 남는다.

4) 누구나 겪을 수 있는 상황에 연결하라(비유)

자기만의 특별한 경험이 아닌, 누구나 겪을 법한 감정으로 포장해야 공감이 생긴다.

예를 들어 사업이 망한 경험을 마치 저녁 식사를 준비하고는 그냥 아무것도 먹지 못했던 일상적 경험에 빗대어 표현해 보는 것이다.

'스토리'는 나만의 것이지만, '텔링'은 상대를 위한 것이다. 많은 사람들이 콘텐츠를 만들 때 '내가 하고 싶은 이야기'에 집중한다. 하지만 스토리텔링은 '내 이야기'로 '상대의 감정'을 흔드는 작업이다. 결국 잘 만든 콘텐츠란, 나의 경험이 타인의 감정에 가 닿았을 때 비로소 완성된다. 기억하자. 사건은 내 이야기지만, 공감은 상대의 것이다.

스토리 활용 시 유의사항

스토리를 활용하라고 교육하면 실수하는 경우도 생긴다. 너무 과한 개인사를 공개한다든가 너무 많은 이야기를 흩뿌리는 경우이다. 하나의 메시지를 지속적이지만 다양한 형태로 전달하는 것이 필요하다. 여기서는 스토리 활용 시 유의사항을 소개한다.

1) 너무 많은 주제를 다루지 않는다

인스타그램을 운영할 때는 하나의 주제로 모든 활동이 이뤄지되, 다양한 형태를 지니는 것이 좋다. 예를 들어 접시 같은 공예품을 판매하는 계정이라면 공예품을 왜 만들기 시작했는지, 과정은 어떠한지, 어려운 점은 무엇인지, 하지만 그래도 도전하고 싶은 이유는 무엇인지 등 '공예품 사업을 하는 사람'이라는 큰 전제 아래 모든 스토리가 전개되게 만들어야 한다. 이때 갑자기 좋아하는 음식, 여행지, 책 등의 이야기를 너무 자주 섞으면 인스타그램 이용자들은 내가 운영하는 계정을 제대로 인지하기 힘들다. 반복된 메시지는 각인되기 좋고 언젠가 브랜드 인지의 임계점을 넘는다.

2) 너무 어려운 전문 용어는 피한다

내가 하는 일, 커리어에 대한 이야기를 하는 것은 좋으나 여차하면 잘난 체밖에 안 되는 어려운 용어 사용은 되도록 피한다. 일상적인 상황을 빗대거나 예시를 들어 설명하며 이해를 쉽게 도와줄 때 사람들은 내 스토리에 귀 기울일 것이다.

3) 부정적이거나 징징대는 말투는 금물

인스타그램에서 부정적 말투나 힘들다고, 왜 나는 불행하냐고 징징대는 말투를 쓰는 것은 피한다. 사실 부정적 스토리는 사람들의 시선을 주목시키는 효과가 있어 한두 번 활용하다 보면 중독된다. 사람들의 위로, 응원 같은 반응이 빠르게, 많이 발생하기 때문이다. 하지만 중장기적으로 보면 사람들은 부정적인 상황을 피하고 싶어 한다. 계속 부정적 이야기에 징징거리기만 하면 나중에는 아무도 관심을 기울이지 않는 상황이 된다.

4) 누구를 저격하는 글, 뒷담화는 피하라

SNS에서 트러블이 생기면 뒷담화, 저격글을 남기는 사람이 종종 있다. 그런 불편한 관계를 몇 명만 만들어도 내 활동 반경이 반의반으로 줄어든다. 분출하고 해소하고 싶은 감정이 있다면 차라리 혼자만의 공간에 일기를 쓰는 게 낫다. SNS 활동은 광장에서 여러 사람을 향해 이야기하는 것과 비슷하다. 누구도 불편한 이야기를 듣고 싶지는 않다.

5) 잘난체로 보이면 위험하다

자신의 업적을 보여 주는 건 홍보에서 중요한 요소이지만 어떤 스토리를 통해 전달하느냐에 따라 질투를 불러오기도 하고, 동경심을 불러오기도 한다. 유익한 정보와 더불어 자신의 한계나 단점을 고백하면서 업적을 보여주는 것과 그저 '나 잘났지?'라는 식의 커뮤니케이션은 참 다르게 다가갈 것이다.

지금까지 영상 기획 4단계와 스토리텔링의 원칙까지 살펴봤다. 레퍼런스 관찰, 분석을 충분히 하고 영상 전체 방향인 컨셉을 되새기며 영상 기획의 다양한 방법을 내 분야, 내 영상에서 어떻게 적용하면 좋을지 생각해 보자. 한 편 한 편 노트, 폰 같은 곳에 메모로 아이디어를 남기고 영상의 흐름이나 대본을 써 보며 상상해 보자. 그 상상이 결국 남다른 기획의 동력이 될 것이다.

12

가볍지만 실용적인 영상 제작 팁

알고리즘+기획+운영 중심의 책이지만 그래도!

이 책은 인스타그램이라는 플랫폼의 알고리즘, 콘텐츠 기획 전략, 운영 노하우에 초점을 맞추고 있다. 애초에 영상 제작 기술은 이론과 실습이 동반되는 것이 좋고 오랜 훈련이 필요한 영역이라 깊게 다루지 않으려 했다.

하지만 그래도 10년 넘게 영상 제작을 해온 사람으로서, 숏폼에 특화된 실전 제작 팁 몇 가지는 전하려 한다. 각자의 촬영·편집 환경(스마트폰 vs 카메라, AI vs 수작업 등)은 다르겠지만, 결국 숏폼에 유리한 방향성은 존재한다. 이 장에서는 유용한 팁 몇 가지를 간단하게 소개한다.

<h1 style="text-align:center">릴스 촬영 팁</h1>

1) 소품 활용으로 분위기 전환

단조롭고 심심한 화면은 이용자를 금방 이탈하게 만든다. 안경, 담요 한 장, 강아지, 커피잔, 작은 액자 등 가벼운 소품 하나만으로도 영상 분위기가 달라진다.

특히 자기계발, 정보 '컨셉' 영상의 경우 배경이 단순한 경우가 많은데, 이런 소품이 '생활감'이나 '컨셉'을 살리는 데 큰 역할을 한다. 무조건 꾸미려 하지 말고, 콘텐츠 분위기에 맞는 딱 한두 가지 소품만 활용하는 것이 좋다.

2) 샷과 앵글의 다양화

숏폼 영상은 빠른 리듬감이 중요하다. 앉아서 계속 정면샷만 찍으면 콘텐츠가 아무리 좋아도 시각적으로 지루하다. 쉽게 말해 다양한 위치에서 날 찍어 두는 것이 좋다.

A-roll, B-roll, 미디엄샷, 탑다운, 오버 더 숄더, 클로즈업, 와이드, POV(Point of View, 시점) 등 앵글과 구도를 다양하게 구성해 2~3초마다 변화를 주는 편집을 추천한다. 이미 많은 숏폼 크리에이터가 이런 방식으로 편집을 하고 있으며, 이용자로서도 끊임없이 시선이 가 집중력을 유지할 수 있다. 단, 너무 정신없지 않도록, 구성과 흐름 속에서 자연스럽게 바뀌는 샷을 연습하자. 만들고 싶은 영상의 롤모델을 정하고 따라 하며 익히는 것이 가장 빠르다.

같은 영상이라도 여러 각도에서 여러 번 찍어두거나 카메라를 동시에 활용한다.

3) 어색함을 줄이는 촬영 노하우

출연자가 전문 연기자가 아닌 이상, 카메라 앞에서 어색한 건 당연하다. 이를 줄이는 간단한 몇 가지 방법을 소개한다.

우선 정면보다 약간 측면에서 촬영해 자연스러움을 확보한다. 정면에서 촬영할 때는 사람을 두고 대화하듯 진행하는 것이 좋다. 손에 물병이나 펜 같은 도구를 쥐고 촬영하면 불필요하게 경직되는 것을 완화할 수 있다. 첫 촬영은 NG를 감안하고 많이 찍어 본다. 나중에 가장 자연스러운 장면만 사용하면 된다.

촬영 시 어색함은 심리 문제인 경우가 많다. 물론 반복과 연습을 통해 무조건 나아지는 부분이지만 즉각적으로는 환경과 자세를 바꾸는 것만으로도 충분히 자연스러워진다.

릴스 편집 팁

1) 2초 법칙 - 잘게 잘라라

요즘 이용자의 집중력은 '한 문장도 길다'라고 느낄 정도로 짧다. 같은 화면을 2초 이상 유지하지 않는다는 기준으로 편집해 보자. 내 앞모습, 옆 모습 혹은 가까이서 찍은 모습, 멀리서 찍은 모습 등을 교차로 두는 것이다. 한 문장당 하나의 샷을 사용하는 방식으로 영상이 구성되면, 리듬감과 몰입도가 훨씬 올라간다. 대본을 문장 단위로 나누고, 각 문장을 다른 구도/컷으로 찍는 연습을 추천한다.

2) BGM과 사운드 이펙트의 심리적 힘

BGM은 영상의 분위기를 결정짓는 핵심 요소다. 똑같은 장면도 음악에 따라 '감정선'이 완전히 달라진다. 적절한 사운드 이펙트(SFX)는 몰입과 리듬을 동시에 주며 영상을 더욱 흥미롭고 재미있게 만든다. 예시로 자막 등장 타이밍에 딱 맞춘 '틱' 소리, 반전 장면에서의 '와우' 사운드, 전환 장면에서 바람 소리(Woosh), 감정 강조를 위한 배경음 페이드 인/아웃 등이 있다. 각종 사운드 효과는 유료 라이선스를 쓸 경우 캡컷 같은 플랫폼에는 탑재되어 있고 혹은 유튜브에 무료로 음원을 풀어준 크리에이터의 것을 다운로드 받아 잘라서 쓰면 된다.(예: '무료 사운드 효과' 검색)

3) 자막 위치와 구역 - 세이프 존을 고려하라

세로 영상에는 '세이프 존(safe zone)'과 '데드 존(dead zone)'이 있다. 스마

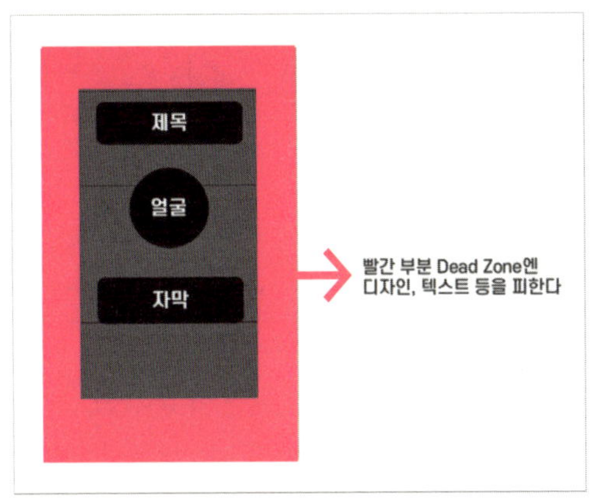

세로 영상에서는 세이프 존과 데드 존을 고려해야 한다.

트폰 화면에서 가려지지 않고 자연스럽게 읽히는 위치에 자막을 배치해야 한다. 계정명이나 각종 반응 버튼인 좋아요, 댓글, 공유, 저장 등의 버튼이 출연자의 얼굴이나 자막 등의 디자인 요소와 겹치지 않도록 하는 것이 좋다. 이 외에도 상단 제목과 하단 자막의 균형이 중요하다. 영상을 테스트 업로드 후, 자막이 잘리는 지점이 없는지 꼭 확인하자.

AI 도구 활용 팁

영상 제작에서 AI의 활용은 선택이 아니라 필수가 되어가고 있다. 현재 시점에서 활용도 높은 도구들을 간단히 정리하면 다음과 같다.

기능	기능	설명
기획·대본	ChatGPT, Gemini	콘텐츠 아이디어, 대본 초안 생성
팩트 체크	Perplexity	정보 기반 콘텐츠를 위한 출처 정리
영상 생성	Veo 3, Runway, Kling	텍스트나 이미지에서 영상 생성 가능
이미지 생성	ChatGPT, Gemini	영상 속 자료 사진(인서트), 섬네일, 카드 뉴스용 이미지 제작
보이스오버	Eleven Labs, Typecast 네이버 클로바더빙	감정이 담긴 AI 목소리 생성
아바타 생성	Hedra HeyGen	얼굴/목소리 기반 아바타 영상
BGM 생성	Suno	AI가 감성에 맞는 배경 음악 생성

비용은 대부분 월 2~3만 원의 구독 형태로 이뤄지는데 너무 과한 비용을 쓰지 않도록 무료 버전으로 일부 써 보면서 꼭 필요한 것만 결제하는 것이 좋다.

팬덤 형성과
소통 전략

1

관계 형성의 예술, 팬덤 마케팅

모르는 사람에서 믿고 응원하는 사람으로

실제 우리 생활에서도 누군가를 알게 되고, 친해지고, 좋아하고, 믿는 단계를 거치듯 온라인에서도 누군가와 친해진다는 것은 비슷한 일이다. 온라인에서의 관계 형성은 다음의 단계를 거친다.

1) 모르는 사람

콘텐츠 활동을 시작하며 아직 내 존재가 알려지지 않고 인식이 안 되는 단계. 활동 1개월 차 정도로 꾸준히 콘텐츠를 올리고 댓글을 달러 다녀도 내게 돌아오는 반응은 미미하다.

2) 아는 사람

주기적 콘텐츠 업로드와 단순 노출의 반복으로 사람들이 내 존재를 알게 되는 단계. 활동 2~3개월 차 정도로 꾸준하고 일관적인 콘텐츠를 올리는 중이다. 소통의 응답이 오기 시작한다.

3) 친한(혹은 믿는) 사람

나(캐릭터) 혹은 내 제품에 관심과 호감을 가지고 댓글, DM 소통을 하는 단계. 구매 전환이 시작되는 단계다. 활동 3~5개월 차 정도로 이용자들이 나를 크리에이터로 인지하기 시작하며 내 분야에 관심 있는 사람들의 적극적 반응이 있다.

4) 응원하는 사람

내 게시물에 댓글을 남기고 내 제품을 구매하며 나를 응원하는 단계. 활동 5~6개월 차 정도로 눈에 띄는 열혈 팔로워들이 보이기 시작하며 내 제품을 사거나 주변에 추천한다.

5) 커뮤니티

날 응원하는 사람끼리 서로 알고 동질감을 느끼는 상태. 인스타그램을 활동한 지 6개월 이상 되었으며, 열혈 팔로워끼리 서로 존재를 인지하고 댓글창의 분위기가 친근하고 활발해진다. 이제 크리에이터는 무대 위의 스타 같은 존재가 되었기에 그에 걸맞게 겸손하고 조심스럽지만 왕성한 무대 활동을 보여 주는 것이 좋다.

이 단계를 거치며 나를 전혀 모르던 사람이 날 알게 되고, 믿고, 사고, 응원까지 하며 그들끼리 동질감을 느끼는 상황이 된다. 내 콘텐츠와 댓글 활동이 마중물이 되어 사람들과 접점을 만들고, 주먹만 한 눈덩이가 굴러 성인 덩치처럼 커지듯 나의 운영과 활동에 따라 점차 열성팬이 커진다. 물론, 좋은 콘텐츠로 사람들에게 정보, 재미, 흥미, 감정을 주며 내 팬을 점점 늘려가는 것은 정석적인 방법이지만, 개인화를 해내고 찐 팬을 형성하기 위해선 단순 콘텐츠 제작 활동뿐 아니라 댓글, DM 등의 소통 활동을 겸비하여 계정을 키워가는 것이 좋다.

결국 팬의 커뮤니티화가 끝판왕

SNS는 결국 '관계의 예술'이다. 긴 호흡으로 나를 알고, 좋아하고, 믿는 사람들을 모아가는 게 중요하다. 그 과정을 통해 단순한 팔로워를 넘어 함께 소통하고 응원하는 팬들이 생긴다.

시간이 흐르면 그 팬끼리 연결되는 커뮤니티가 만들어진다. 나의 팬클럽까지는 아니어도 나와 내 콘텐츠를 좋아하는 사람끼리 공감하고 즐기는 문화가 생기는 것이다. 이 커뮤니티에선 나의 제품이나 광고도 적극적으로 소비하며 날 응원하게 된다. 이런 커뮤니티야말로 SNS에서 만들 수 있는 가장 강력한 자산이다.

2

허수 팔로워의 명암

숫자보다 찐팬에 집착하라

찐팬이 붙어야만 성공한다. 어뷰징 프로그램, 이벤트, 맞팔, 지인 등으로 구성된 팔로워는 갈수록 내 계정에 독이 된다. 허수 팔로워 비율이 높은 계정을 '팔로워 퀄리티가 낮다'고 표현하는데, 팔로워 퀄리티가 낮으면 수익 전환은 거의 불가능하고 갈수록 릴스 조회수, 좋아요, 저장, 공유 같은 각종 인게이지먼트 수치도 낮아진다. 이런 허수로 몇만 팔로워를 붙이면 당장엔 좀 있어 보이지만 결국 계정이 크지 못하는 주요 원인이 된다.

찐팬을 만드는 방법을 멀리서 보면 참 단순하다. 내 콘텐츠를 좋아하고 응원하는 사람들이 내 팔로워가 되는 것이다. 반면 커피 기프티콘 같은 경품으로 붙은 팔로워, 돈 주고 산 가짜 팔로워, 그냥 친하니까 팔로우를 눌러준 사람이 내 팔로워의 대부분이라면 진심으로 내 콘텐츠를 즐기는 사람들이 아니기에 무너지기 쉬운 상태가 된다.

10명, 100명 팔로워의 작은 계정이라도 그 소수의 팔로워들이 활동적으로 내 계정을 좋아하고 반응해 준다면 운영 초반에 계정의 알고리즘을 선순환시키는 핵심 역할을 하고 심지어 팔로워 100명이라도 큰 수익으로 연결될 수도 있다. 당연히 찐팬으로만 구성된 팔로워라면 실제 내가 판매하는 제품을 사 주는 사람들이 100명이나 되는 것이니 말이다.

몇 달 동안 팔로워 100명대에 머물러도 찐팬이라면 상관없다. 반면 어뷰징 프로그램 등으로 수천 명, 수만 명을 만들었다면 아무리 숫자가 늘어도 구매 전환 등의 실제 성과가 나지 않게 되며 심지어 팔로워 수도 갈수록 줄어든다.

숫자 올리려고 맞팔, 지인 부탁을?

절대 맞팔 전략은 쓰지 말자. 인스타그램 계정을 키우기 위해서는 전략적으로 팔로우를 해야 한다. 내 관심 분야 계정 중 대형, 중형, 소형 계정을 나눠 팔로우하면 좋다.

하지만 많은 사람들이 맞팔해 주니까, 혹은 내 분야의 사람은 아니지만 지인이니까 쉽게 팔로우한다. 이렇게 숫자에 집착하면 계정 알고리즘이 망가지고 추후 조회수 및 참여, 구매 전환이 모두 저하된다.

알고리즘상 위험한 이유

위와 같이 활동하면 일단 찐팬이 아니라 서로 숫자에 집착하는 사람들만 남게 된다. 그들은 내 콘텐츠에 재미, 흥미를 느끼는 사람들이 아니기 때문에 내 릴스, 게시물 등을 봐 줄 리가 없다. 아무리 친한 사이, 지인이라도 SNS에서 관심 없는 콘텐츠는 절대 보지 않는다. 그런 경우 차라리 팔로우를 끊어 주는 것이 도움이 된다. 팔로워 수는 높은데 참여, 반응이 낮은 계정보다는 팔로워 수는 낮아도 참여가 높은 계정이 알고리즘에 더 유리하고 더 빠르게 성장한다.

지인 팔로워 전략과 허수 팔로워 삭제

1) 지인 팔로워 - 날 봐주고 평가, 제안해 줄 소수만

계정을 새로 시작한다면 아는 사람은 10명 정도만 팔로우해 달라고 요청한다. 진짜 내 콘텐츠를 볼, 내 분야에 관심이 있을 사람들이어야만 한다. 초반 레퍼런스, 심사위원 같은 역할을 부탁한다. 이들의 의견을 들으며 내가 생각하지 못했던 점을 발견, 분석, 개선할 수 있다.

단, 내 분야의 사람이 아니라면 나는 그들을 팔로우해서는 안 된다. 만약 지인이 기분 나빠할 것 같아 맞팔했다면 한두 달 정도 유지 후 팔로우를 끊는다. 애초에 지인 팔로워들에겐 내가 브랜드 계정을 키우고 있으니 짧은 기간만 도와달라는 식으로 부탁하는 것이 낫다.

2) 허수 팔로워 삭제하기

나를 팔로우하는 사람 중 부업 계정(투자나 부업하라고 부추기는), 가계정(실제 활동이 없거나 소통이 불가한 일부 해외 계정) 등은 발견하는 대로 삭제한다. 팔로워 숫자가 아깝다고 그냥 두면 실제 나와 적극적으로 교류하는 '팔로워 퀄리티'가 떨어지며 알고리즘에도 좋지 않은 영향을 준다.

3

개인화 개념과 얼굴 공개

개인화가 없으면 수익화도 힘들다

성공적으로 성장한 계정이라도 개인화(Personalization)가 이루어지지 않으면 수익화에 큰 어려움을 겪는다. 개인화란 콘텐츠의 흥미도와 함께 나라는 개인이 알려지고 사랑받는 현상을 말한다.

아무리 릴스 조회수가 폭발해도, 사람들이 당신이 만든 영상의 팬일 뿐 당신의 팬이 아니라면 신뢰나 호감도가 형성되지 않는다. 밈 계정처럼 콘텐츠의 활약만 너무 강조되어 개인화의 벽을 넘지 못하면, 결국 신뢰도를 쌓지 못해 계정이 커져도 수익은 전혀 얻지 못하게 된다.

자신의 개성, 사연, 생각이 팬들에게 전달되며 인간적으로 당신을

179

좋아하는 팬들이 형성되어야만 당신의 제품이나 서비스를 신뢰하게 되고 수익 전환의 가장 강력한 기반이 된다.

얼굴 공개의 장점

1) 신뢰도 향상

우린 명의보다 아는 의사가 있는 병원을 선호한다. 얼굴과 이름을 공개할 경우 이용자들이 날 더 확실히 인지하고, 아는 사람이라고 생각한다. 마치 우리가 길거리에서 유명 스타를 만나면 어제 만난 아는 사람처럼 친근하게 여기는 것과 같다.

2) 친근감 유발

얼굴을 공개하면 빠르게 친해질 수 있다. 특히 비슷한 나이대, 성별 등에서 공감대를 사며 친해지기 좋다.

3) 고유 캐릭터 생성

드라마가 재미있는 건 캐릭터가 살아 있기 때문이다. 털털한, 시원한, 세련된, 유식한 등의 캐릭터가 생기면 일상생활 속에서도 재미있는 장면을 많이 연출할 수 있고 콘텐츠 기획도 훨씬 수월해진다.

4) 참여 수치 증가

운영자나 출연자의 캐릭터가 확실하게 보이면 형, 언니 등의 개인적 호칭을 쓰며 댓글을 달거나 닉네임을 부르며 대화를 시작할 수 있게 된다. 확실히 이용자가 댓글 달기가 쉬워진다.

얼굴 공개의 단점

1) 사생활 유의

얼굴을 공개하여 어느 정도 인지도를 가진 사람에겐 뒷말이 따르기 쉽다. 온라인의 여론은 작은 빌미로도 크게 와전될 수 있다는 걸 기억하며 활동 범위를 재정의해야 한다.

2) 감정적 불편함으로 인한 멘털의 흔들림

특히 외모나 발음 등 외적인 부분을 지적하거나 괜한 시비를 거는 감정적인 불편함이 있을 수 있다. 물론 악플엔 무대응이나 무시가 정답이지만 본인의 멘털이 너무 약한 편이라면 굉장히 신경 쓰이는 부분이다.

3) 불편한 플러팅

DM을 보내며 친하게 지내자거나 전화번호를 알려 달라, 만나 보고 싶다는 등의 플러팅을 거는 사람도 많다. 이 부분도 불편해하지 말고 빠르게 차단하자.

얼굴 공개 시 주의점

1) 기본적인 단정함 유지

흐트러지고 지저분한 모습으로 등장하면 괜히 악플의 빌미가 된다. 엄청난 외모를 보여 줘야 한다는 것이 아니라 단정한 모습 정도는 유지하는 것이 좋다.

2) 보정은 아주 조금만

보정은 아주 살짝, 적당한 수준까지만 활용한다. 외모에 대한 집착 때문에 전체 콘텐츠 제작 과정이 느려지고 망가질 수도 있다. 경우에 따라서는 외모를 속였다는 악플이 달릴 수도 있다. 보정에 집착하기 시작하면 콘텐츠에 주객전도가 일어난다.

3) 맷집을 키워라

온라인에는 정말 수많은 종류의 사람들이 존재하고, 특히 함부로 말하거나, 전혀 예상하지 못한 방식으로 나를 대하는(하지만 악의가 아닌) 사람들이 존재한다. 어떤 공격이 들어와도 웃으며 흘려버릴 수 있는 센스를 키워 나가자. 당장은 욱하고 감정이 올라와도 3분만 참는 시간을 가지고 유하게 상대를 내 편으로 만드는 연습을 하자.

개인적 기질의 차이로 얼굴 공개에 부담을 느끼는 분들이 많지만, 자영업자나 프리랜서 등 사업적으로 인스타그램을 운영한다면 얼굴 공개는 신뢰도 향상과 팬덤 형성에 큰 도움이 된다. 얼굴 노출은 개인화를 가장 빠르고 효과적으로 이루는 수단이다.

물론 얼굴 없는 콘텐츠로도 성공할 수는 있지만, 개인화에 도달하는 여정은 더 어려워질 수 있다는 점을 기억해야 한다. 그럼에도 얼굴을 보이지 않기로 결정했다면 목소리 등의 다른 요소로 최대한 캐릭터와 시그니처 심벌을 강화하는 전략을 통해 개인화를 반드시 이뤄내야 한다.

얼굴 비공개 시 심벌 강화 전략

개인의 기질상 얼굴 공개가 부담스러워 비공개 계정을 선택할 수 있다. 물론 얼굴 없는 콘텐츠로도 성공할 수는 있지만, 얼굴을 드러내지 않으면 팬덤 구축의 중심축이 약해진다. 얼굴이 안 보이면 아무리 콘텐츠를 반복적으로 올려도 대중은 그것이 당신의 콘텐츠인지 잘 모를 수 있기 때문이다.

따라서 얼굴 공개를 하지 않더라도, 당신이라는 크리에이터를 알아볼 수 있는 강력한 무언가를 콘텐츠에 심어 두어야 한다. 팬덤 구축을 위해 얼굴 대신 반드시 강화해야 할 핵심 요소들은 다음과 같다.

1) 목소리 출연(필수)

얼굴이 안되더라도 목소리라도 출연하는 것이 좋다. 목소리가 가진 느낌과 캐릭터를 연출하는 것은 큰 도움이 되며, 이용자들은 같은 목소리를 기억하고 그 분위기에서 당신을 파악하며 친근함을 느낀다.

2) 시각적 일관성

같은 색상, 로고를 적극적으로 활용하거나, 영상에 같은 앵글(예: 1인칭 시점)을 반복적으로 활용하여 자신의 브랜드를 인지시키도록 노력해야 한다. 반복된 메시지는 분명히 각인된다.

3) 신체 일부 출연

손동작 혹은 얼굴 아래까지의 상체만 출연하는 등 심벌을 강조하면 개인화에 더 도움이 된다. 혹은 뒷모습만 나온다던가 마스크를 쓰는 것도 방법이다.

4

외부 커뮤니티에서 홍보되기

궁합 맞는 커뮤니티의 힘은 크다

종종 예상치 못한 순간에 팔로워가 급증할 때가 있다. 이유를 찾아보면 대부분 외부 '커뮤니티에서의 유입'이었다. 내가 올린 인스타그램 게시물이 특정 커뮤니티에 퍼지며 갑자기 조회수가 폭등하기도 한다. 이건 단순한 바이럴이 아니라, 콘텐츠가 궁합이 맞는 커뮤니티에 도달했기 때문에 생기는 현상이다.

커뮤니티마다 선호하는 콘텐츠 결이 다르다. 같은 게시물도 어디에 소개되느냐에 따라 반응이 완전히 달라진다.

- 감성적 글, 반려동물, 소소한 일상 → 더쿠, 여성시대
- 정보형 콘텐츠, 장비 리뷰, 팁 요약 → 클리앙, 루리웹
- 강한 자극, 유머, 1컷 구조 → 디시인사이드, FM코리아

외부 커뮤니티는 지금 재미있고 공감되면 바로 공유하는 방식이라 콘텐츠 전파 속도와 밀도가 훨씬 높다. 커뮤니티를 홍보 채널로 활용할 수 있다면 순간의 폭발적인 관심도 끌어낼 수 있을 것이다.

자연스럽게 소개되게 만들 수 있을까?

콘텐츠가 커뮤니티에 자발적으로 퍼지는 것이 가장 이상적이지만, 일부러 유도할 수 있는 방법도 있다. 핵심은 '그 커뮤니티 사람들이 좋아할 수 있게 가볍게 각색하는 것'이다.

예를 들어 A커뮤니티 스타일에 맞춰 감정 표현이 풍부한 글을 쓰거나, 디시 감성을 겨냥해 유머 코드 하나를 덧붙이는 식이다. 커뮤니티의 멤버들은 그런 재미있거나 감정적인 콘텐츠를 나누며 놀기를 바라고 있기 때문에 그 코드를 맞춰줄 수 있다면 그리 어려운 일이 아니다.

굳이 내가 직접 퍼 나르지 않아도 '여기서도 재밌는 콘텐츠인데?' 싶은 느낌을 주면 누군가는 퍼 간다. 지인 중에 해당 커뮤니티를 잘 아는 사람이 있다면, 자연스럽게 소개해 줄 수 있게 콘텐츠를 공유해 보는 것도 방법이다. 단, 이때도 홍보 목적이 아닌 공감·재미 목적이어야 한다.

5

소통의 대표 주자, 댓글 활용 전략

댓글만으로도 팔로워 1만 명 달성이 가능할까?

'댓글만으로도 계정을 1만 명까지는 키워낼 수 있다'라는 말이 있을 정도로 댓글은 계정 성장에 중요한 역할을 한다.

인스타그램 등 SNS 플랫폼은 이용자들이 플랫폼 안에서 함께 잘 놀 수 있는 것을 중요하게 생각하기 때문에 좋아요, 댓글, 공유, 저장 등 상호작용 즉, 인터렉션(interaction)이 많이 일어날수록 알고리즘 점수도 높게 준다. 반대로 타 계정과 상호작용이 아예 없으면 알고리즘상 점수도 받기 힘들고 사기 계정이라 의심받을 수도 있다.

댓글을 달거나 대댓글을 다는 활동은 인스타그램 전체 활동에서 매우 중요하다. 특히 아직 작은 계정의 경우 여기저기에(특히 내 분야의 사람들과) 댓글을 달며 실제 관계를 형성하는 활동은 알고리즘 활성화에 가장 중요한 활동이라고도 볼 수 있다.

이런 댓글 활동을 가볍게 여기거나 오직 콘텐츠 생산에만 집중한다면 제대로 된 성장 속도를 못 낼 수도 있다. 댓글은 규칙적으로 해야 할, 특히 계정 규모가 작을 땐 더 열심히 해야 할 필수 활동이다.

하루 3개 댓글이라도 좋다

적절한 댓글의 수량은 하루 5~10개 정도이다. 현실적으로 수십 개씩 댓글을 다는 건 어려운 일이다. 단순히 이모티콘만 남기는 게 아니라 게시글을 읽고 그에 대한 자기 생각과 계정 주인이나 콘텐츠에 대한 공감이 담긴 댓글을 써야 한다.

하루 3개라도 꾸준히, 사람들의 관심을 끌 수 있는 댓글이면 충분하다. 목표는 하루 5개로 잡고 개인의 역량에 따라 조절해 보자. 참고로 댓글은 같은 분야의 계정, 콘텐츠에만 달도록 하자.

인스타그램에는 댓글 고정 기능이 있다. 좋은 댓글을 달고 다니다 보면 내 댓글이 게시글 상단에 고정될 수도 있다. 대형 계정이라 하더라도 해당 콘텐츠의 내용을 풍부하게 해주거나, 크리에이터의 의도를 알아주는 댓글은 종종 상단에 고정된다.

그렇게 경우에 따라 수백만 조회수의 영상이라면 수백만 명에게 당신의 댓글과 아이디가 노출된다. 이때 그 아이디가 당신이 하는 일, 정체성 등을 직관적으로 보여 주고 호기심을 끌 수 있다면 많은 사람이 당신의 계정을 살펴볼 것이다. 당연히 그중 관심이 생긴 일부는 팔로우를 할 것이고 비용을 안 들이고도 홍보가 되는 셈이다.

그러므로 아이디만 봤을 때 누구인지, 어떤 일을 하는지 알 수 있어야 한다. 음식 계정이라면 food, 축구 계정이라면 soccer 같은 단어가 아이디의 제일 처음에 보이는 식이다. 아이디가 직관적이라면 관심사를 연결 매개체로 쓰는 인스타그램에서 유리한 고지를 점할 수 있다.

대, 중, 소형 계정별 다른 댓글 접근

1) 대형 계정(10만 팔로워 이상)

이런 계정엔 내가 댓글을 달아도 대댓글을 받기를 기대하긴 힘들다. 오히려 대형 계정에서는 계정 주인보다 다른 팔로워들과 댓글을 주고받을 가능성이 높다. 대형 계정에 댓글을 달고 관심을 주면, 알고리즘이 내가 어떤 분야에 속한 사람인지 더 쉽게 알아차리게 도움을 줄 수 있으며 이는 알고리즘 개선에 도움이 된다. 또한 대형 계정엔 많은 댓글이 달리므로 자연스럽게 나의 존재를 그곳에 홍보할 좋은 기회이다. 애초에 사람이 많이 모여 있는 곳에서 댓글로 주목받으니 말이다.

2) 중형 계정(3만~9만 팔로워)

중소형 계정에서는 내가 댓글을 달았을 때 좋아요와 함께 계정 주인으로부터 대댓글을 받을 가능성이 올라간다. 이런 상호작용은 인스타그램이 아주 좋아하는 것으로 아직 소형인 내 계정의 알고리즘을 개선하는 데 큰 도움을 준다.

3) 소형 계정(0~2만 팔로워)

소형 계정에 댓글을 달면 계정 주인이 내 댓글에 집중하고 대댓글을 달며 내 계정에 직접 와 보거나 DM도 보낼 가능성이 매우 높다. 즉, 알고리즘이 좋아하는 '상호작용' 형성에 매우 좋다는 뜻이다. 이는 내 계정이 활성화되어 있고, 내가 실제 활동하는 계정이라는 메시지를 알고리즘에 보내 준다. 또한, 그러한 상호작용으로 서로를 진정 응원하는 지인 같은 찐팬이 형성되기도 한다.

댓글 활동 팁

1) 되도록 내 분야에서만, 이미 댓글이 많이 달린 곳에만 댓글을 달아라

패션 인스타그래머라면 패션 인스타그램 계정에서만 댓글 활동을 하는 것이 좋다. 유사한 계정에서 활동하면 인스타그램 알고리즘이 내가 어떤 사람인지 더 확실히 인지하게 된다.

또한, 그곳에 있는 팬들은 이미 패션을 좋아하고 있으므로 내 팬도 될 가능성이 높다. 이미 관심사가 겹치는 곳이기 때문에 내 활동은 유효타가 될 가능성이 높다. 반대로 전혀 관심사가 맞지 않는 곳의 활동은 지양해야 한다.

또한 아무도 관심이 없는 콘텐츠에 댓글을 달기보다 이왕이면 이미 많은 사람이 댓글을 단 곳에서만 댓글을 다는 것이 좋다. 당연히 내 활동이 되도록 다수에게 보여야 홍보 효과가 있다. 아무도 없는 곳에서는 내가 아무리 열심히 활동해도 내가 발견되는 효과가 나지 않는다.

2) 발군의 댓글을!

많은 분이 이모티콘으로만 댓글을 달고 빠진다. 그리고는 댓글 활동을 했다고 여기는데 기준을 달리해야 한다. 그런 댓글들은 성의 없다고 여겨지거나 무시당하고 내가 발견되게 해 주지도 않는다.

내가 발견되는 댓글은 정성스러운 댓글, 지식이나 전문성이 돋보이는 댓글, 해당 인플루언서의 기분을 좋게 하고 팬들도 같이 기분이 좋아질 댓글, 재미있고 독특한 말투의 반복으로 사람들에게 인지되는 댓글 등이라 볼 수 있다.

댓글도 작문해야 한다. 천편일률적이고 모두가 똑같이 다는 댓글보다 어떻게 창의적으로 남다를 수 있는지 생각해 보라.

이것도 어려우면 챗지피티를 활용할 수 있다. 해당 게시물의 댓글들을 여러 번 캡처해 어떤 댓글이 달렸는지 20개쯤 챗지피티에게 보여주고 베스트 댓글이 될 댓글을 써 달라고 해도 된다. 필자도 이렇게 좋아요를 수백 개 이상 받는 댓글들을 뽑아냈다. 심지어 내가 잘 모르는 여성 패션 분야에서도 말이다.

'제 계정에도 놀러 와 주세요' 처럼 마치 광고 같은 댓글은 해당 계정의 크리에이터에게 차단이나 신고를 당할 수 있다. 물론 다른 팔로워들 사이에서도 무시받기 십상이고 말이다.

우린 '발군의 댓글'을 달아야 한다. '발군의 실력으로 쓰는 댓글'이라는 뜻으로 창의적이면서도 정성스러운 댓글을 말한다. 그런 댓글은 댓글 자체로도 많은 좋아요를 받으며 사람들의 관심을 끌어내 댓글을 단 사람의 계정까지 체크해 보게 만든다.

댓글의 좋아요도 무시하면 안 된다. 필자 계정의 어떤 댓글은 1만 개까지도 좋아요가 찍혔고 그 댓글을 단 팔로워에게도 많은 관심이 쏠렸다.

3) 악플은 즉각 삭제, 차단하라

"악플이 달리면 멘털이 흔들려 잠을 못 자겠어요." 여러 클라이언트나 수강생에게 듣는 말이다. 건강한 비판은 수긍하며 콘텐츠를 수정하고 발전할 기회로 삼으면 된다. 하지만, 상스러운 말을 하거나 교묘하게 비꼬고 욕하는 사람들도 SNS에는 존재한다.

하지만 SNS에서 무언가 목적, 목표를 갖고 활동한다면, 특히 먹고 사는 일에 관련이 되어 있다면 악플에 웃어넘기는 법도 배워보자. 어차피 우린 이 무대에 서기로 결심하고 활동을 시작했다. 공개된 공간에서 얼굴을 노출하거나 자신의 생각, 철학 그리고 제품, 서비스를 노출하며 살기로 했다. SNS가 주는 혜택을 받기 위해서 말이다. 장점도 단점도 모두 껴안아야 하지 않겠는가?

일단 악플이 달리면 바로 삭제하자. 이건 내 공간이고 내가 책임져야 할 공간인데 거기서 다른 사람에게도 기분 나쁠 표현이 존재한다면 바로 지워도 괜찮다.

실제 많은 악플러는 그저 관심을 끌고 싶을 뿐이다. 크리에이터의 관심 그리고 거기 모인 팬들, 대중들의 관심을 말이다. 애초에 밥을 주면 안 된다. 무럭무럭 자랄 테니까.

4) 대댓글은 최대한 빠르게

내 게시물에 댓글이 달리면 빠른 응대를 해야 한다. 반대로 며칠 혹은 몇주 후에야 대댓글을 단다면 알고리즘은 둘째 치고 댓글을 단 사람의 화를 부를 수도 있다. 더 정확히 말하면 선플을 달았던 사람도 운영자에게 실망해 악플을 달 수도 있다. 인간적인 부분에서 팬을 놓치게 되는 것이다.

회사, 기관 같은 조직에서는 콘텐츠 기획자, 제작자, 업로드 담당자가 별개인 경우가 많아 계정과 댓글 모니터링이 잘 안되는 경우가 많다.

그러다 보니 댓글에 바로 대응을 하지 못하거나 혹은 윗선의 허가를 받으며 답글을 달아야 해서 응답이 느려지기도 한다. 이런 경우 빠른 응대를 하기 위해 내부의 시스템을 조정하는 것이 좋다.

빠른 응대가 팬층 관리는 물론 알고리즘에도 좋다는 것은 아무리 강조해도 지나치지 않다. 댓글을 봤다면 바로 좋아요를 누르고, 가능한 빨리, 정성스런 답글로 팬의 마음을 사로잡자.

댓글은 무료 홍보 활동

월 수십만 원 정도를 지출하며 게시물 홍보 기능을 사용해도 홍보가 되지만, 댓글을 열심히 달고 다녀도 확실히 홍보 효과를 얻을 수 있다. 더군다나 게시물 홍보에선 간접적인 친분이 생긴다면 댓글은 꽤 직접적인 친분을 쌓을 수 있어 강력한 팬덤 형성에도 큰 도움이 된다.

기본적으로는 댓글을 통해 내가 새로운 곳에서 새로운 사람들에게 발견되는 것이다. 댓글을 다는 공간과 수량, 댓글의 질에 달린 문제지만 어설픈 광고보다 확실한 댓글 전략이 더 나을 때도 많다.

댓글의 힘을 믿어보자

인스타그램이라는 플랫폼에게 댓글이란 계정 간 상호작용의 지표를 측정할 수 있는 최고의 방법이다. 애초에 사람들끼리 잘 놀아야 플랫폼은 성장하기에 인스타그램은 댓글을 우리 생각보다 더 굉장히 중요한 지표로 여기고 있다.

규칙적인 댓글 활동, 작문 능력을 발휘하는 베스트 댓글로 진정한 소통과 공감이 이뤄진다면 댓글이 주는 성장 견인력을 확실히 느낄 수 있을 것이다. 댓글은 아무리 강조해도 지나치지 않은 인스타그램 활동의 메인 디시이다.

6

인스타그램 DM 활용법

인스타그램에선 DM으로 놀고, 문의하고, 소통한다

인스타그램에서 가장 활발한 '놀이 문화' 중 하나는 DM(Direct Message)이다. 사람들은 재미있는 릴스를 친구에게 보내며 웃고, 브랜드에 DM으로 질문하고, DM으로 서로 소소한 감정을 나누기도 한다. 이처럼 DM은 알고리즘을 움직이는 강력한 소통 채널이며, 관계를 형성하고 신뢰를 쌓는 기회의 장이다. 중요한 건 어떻게 DM을 보내느냐다. 억지로 보내면 스팸이 되지만, 명분이 있으면 '관계의 시작점'이 된다.

이런 소통은 알고리즘에 큰 작용을 한다. 축구 관련 릴스를 누군가에게 자꾸 보내면 알고리즘은 날 축구 관련자라고 생각해 축구 마니아

와 더 연결하게 해 준다. 이는 알고리즘에 내 분야를 빠르게 알려주는 길이기도 하다.

DM을 활용한 소통 전략 7가지

1) 같은 분야, 비슷한 크기의 계정과 소통하기

서로 팔로워 수가 크게 차이 나지 않고, 관심 분야가 유사한 계정과는 '동질감'이 생긴다. 이때 가벼운 칭찬이나 피드백을 담은 DM 한 줄만으로도 계정 간 교류가 시작된다. "콘텐츠 잘 보고 있어요! 저도 비슷한 주제를 다루고 있는데 너무 공감되네요!" 식의 DM으로 소통을 시작해 보자.

2) 새로운 팔로워에게 인사 DM 보내기

팔로우한 지 얼마 안 된 사람에게 가벼운 인사 DM을 보내는 것은 꽤 효과적이다. "팔로우 감사드려요! 혹시 보고 싶은 주제 있으면 알려 주세요. 반영해서 제작해 볼게요!" 이렇게 시작하면 '소통하는 느낌'을 주고, 자기 아이디어가 반영된다는 생각에 상대도 내 콘텐츠를 더 적극적으로 살펴본다.

3) 이벤트나 공지 알리기

DM은 확실한 알림 수단이 된다. 신규 강의, 무료 PDF, 오프라인 모임

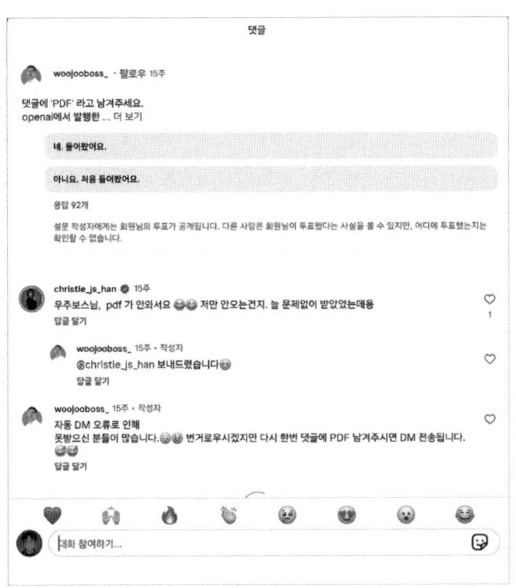

자동 DM 발송 시스템 활용 예 @woojooboss

등은 '기존 소통자에게만 보내는 정보'라는 특혜와 '선택받은 느낌'을 준다. 단, 너무 광고처럼 보내면 오히려 역효과니 톤은 조심하자. "지난번에 의견 주셔서요, 이번에 관련 주제로 소규모 무료 세션이 열려요~ 혹시 관심 있으면 링크 드릴게요!"

4) 매니챗(ManyChat)과 연결해 자료 자동 발송하기

"'자료 신청'이라고 댓글 주시면 무료 PDF 파일이 자동 DM 발송됩니다!"라는 식의 게시물을 올리는 크리에이터들을 본 적이 있을 것이다. 매니챗(Manychat)이라는 유료 서비스로 가능한데, 미리 설정만 해두면 자동으로 자료가 DM 발송되기 때문에 수백 명의 사람들과 DM을 통해 소통할 수 있다.

이런 게시물엔 수백에서 수천 개의 엄청난 수의 댓글이 달리곤 한다. 무료, 공짜 혜택을 좋아하는 인간의 기질이 반영되고 남들은 다 받는데 나만 못 받을 수 없다는 사회적 심리(FOMO, Fear of Missing out)가 반영되었기 때문이다.

매니챗은 받아보는 사람은 무료 자료를 받아서 좋고, 나눠주는 사람은 반응이 폭발하며 알고리즘상 이득을 보기 때문에 나쁠 것이 없다. 이런 자료 나눔 전략은 정기적으로 무료 PDF 등의 자료를 나눠줄 수 있는 지식 콘텐츠 계정에 적합하다.

다만, 공짜 때문에 온 사람들은 앞으로도 내 콘텐츠 자체를 좋아하기보다 공짜만 기대할 가능성이 있으며, 그 기대감을 충족시켜 주지 못하면 언팔을 하거나 악성 팔로워가 될 가능성도 있으니 유의해야 한다. 자료 때문에 팔로우했지만, 콘텐츠에는 좋아요, 댓글, 릴스 시청 등 반응을 하지 않는 악성 팔로워가 될 수도 있다는 것이다. 이런 악성 팔로워의 비율이 높아지면 계정의 알고리즘에 악영향을 주게 되니 현명하게 사용할 필요가 있다.

유료인 매니챗을 쓰지 않고도 이런 홍보활동을 할 수 있다. 선착순 20명(혹은 여러분이 감당할 수 있는 수준)에게 DM을 직접 보내면 된다. 필자도 이 방법을 통해 딱 10명에게만 자료를 보내는 이벤트를 했는데, 이벤트가 끝나도 댓글이 많이 달렸다. 게다가 댓글들 덕분에 해당 게시물은 바이럴이 많이 되었다. 이벤트가 끝난 후에도 계속 댓글이 달렸는데, 무료 자료를 받아보고 싶은 사람들의 심리를 잘 자극했기 때문인 것 같다.

5) 좋은 콘텐츠를 DM으로 조용히 공유하기

예를 들어, '나를 팔로우한 사람 중 마케팅에 관심 있는 사람'에게 "평소 마케팅에 관심이 많아 보이시던데 혹시 도움이 될까 해서 영상 공유해 드려요" 이런 식으로 DM과 함께 콘텐츠를 보내면 상대는 피로 없이 콘텐츠를 소비하게 되고, DM 기반의 관계가 한층 깊어진다. 단, 보내는 기준은 명확해야 하고, 너무 많은 사람에게 한 번에 보내는 건 피하자.

6) 이전 대화 기반의 후속 DM 보내기

한 번 DM을 주고받은 사람이라면, 그 이후 후속 소통이 훨씬 자연스럽다. "예전에 ○○ 주제에 관심이 있다고 하셔서요! 이번에 그 관련 릴스를 올려 봤어요." 이런 DM은 관계를 단순 팔로워에서 '팬'으로 바꾸는 계기가 된다.

7) 피드백 요청하기

DM은 피드백 받기에 가장 안전한 공간이다. 팔로워 중 적극적인 소통자에게 "혹시 이 콘텐츠 보셨나요? 뭔가 부족한 게 있을까요?" 하고 진심을 담아 물으면, 놀랍게도 꽤 많은 팔로워가 의견을 준다. 이는 콘텐츠 개선뿐 아니라, '이 계정은 내 의견을 듣는다'라는 느낌을 주는 중요한 전략이다.

DM 활용 시 주의 사항

1) 하루 적정량 넘기지 않기

너무 많은 DM을 보내면 시스템이 '비정상 활동'으로 판단해 계정을 제한한다. 하루 20건 이하 정도를 기준으로 잡고, 시간 간격을 두어 자연스럽게 보내자.

2) 복붙 금지

같은 문장을 여러 사람에게 반복해서 보내는 건 스팸 판정 1순위다. 한 두 줄이라도 바꿔서 보내야 안전하다. 매크로나 자동화가 아닌 '진짜 대화'처럼 느껴지게 하자.

3) 외부 링크는 최소화

DM을 처음 보내는 사람에게는 링크를 곧바로 보내지 않는 것이 좋다. 알고리즘도 링크는 금융 사고 가능성이 있어 경계하고, 사람들도 경계한다. "필요하시면 링크 보내 드릴게요!" 정도로 사전 동의를 구한 후 보내는 것이 안전하다.

4) 팔로워에게만 보내기

팔로우하지 않은 사람에게 DM을 보내면 스팸함으로 빠지거나, 읽히지 않을 확률이 높다. DM 전략은 '팔로워를 어떻게 더 깊이 연결할 것인가'에 초점을 맞춰야 한다.

5) 기계적인 톤은 피하자

"정보 공유 드립니다", "안녕하세요~ 무료 강의 안내입니다" 같은 메시지는 광고나 템플릿처럼 느껴진다. DM에서는 가볍고, 인간적인 말투가 오히려 신뢰를 준다. "저 이런저런 사람인데요, 피드 보니 이런 거 좋아하시는 듯해서 연락드려 봐요." 정도의 느낌이 오히려 효과적이다.

DM이 알고리즘을 바꾼다

필자는 평소 인스타그램 운영 시 해당 계정의 전문 분야 게시물만 올리고, 소비하고 있었다. 그런데 어느 날부터 피드와 릴스에 전혀 다른 주제의 콘텐츠가 자꾸 등장했다. 취향도 아니고, 평소 검색하거나 저장한 적도 없는 분야였다.

생각해 보니 그 콘텐츠들을 특정 친구에게 DM으로 몇 번 보낸 적이 있었다. "이거 너한테 딱이다", "이 영상 보니까 네가 생각나서"라며 가볍게 공유한 것뿐이었다. 하지만 문제는, 그 '공유' 활동만으로도 알고리즘이 필자의 관심사라고 착각하기 시작했다는 것이다. 그 뒤로 내 릴스 탭엔 친구에게 보낸 주제의 영상이 줄줄이 뜨기 시작했고, 마치 필자가 그 분야에 관심 있는 사람처럼 취급받기 시작했다. 인스타그램은 '무엇을 보는가'만이 아니라 '무엇을 공유하는가'도 관심 신호로 간주한다.

우리는 보통 알고리즘이 내가 좋아요 누른 콘텐츠, 내가 저장한 콘텐츠, 내가 오래 본 콘텐츠 정도에만 반응한다고 생각한다. 하지만 그보다 더 강력한 신호 중 하나가 'DM으로 무엇을 공유했는가'다. 안 그래도 인스타그램은 공유를 강조하고 있기 때문에 몇 번만 다른 분야로 DM을 주고받으면 내 알고리즘이 달라진다.

DM으로 콘텐츠를 보낸다는 건 단순 소비를 넘어서 "이건 누군가에게 보낼 만큼 가치 있다"라고 판단한 행동으로 인식된다. 대상이 친구이든, 고객이든 상관없다. '자신이 관심 있어 보내는 것'으로 시스템은 해석한다.

그만큼 DM은 내 알고리즘 정체성을 바꿀 수 있는 강력한 변수다. 관심 없는 주제도 자꾸 보내다 보면, 내 피드가 그 주제에 점령당할 수 있다. DM은 개인 콘텐츠 추천 시스템에 영향을 주는 주요 요소다. 나뿐 아니라, 팔로워의 알고리즘도 바꿀 수 있다.

예를 들어 내가 만든 릴스를 누군가가 친구에게 많이 공유하면 그 친구의 추천 피드에도 내 콘텐츠가 뜰 가능성이 높아진다. 결국 DM은 단순한 소통을 넘어 '관심사 전염'의 통로가 된다.

DM은 단순히 '내가 소통하는 공간'이 아니라 '알고리즘이 강력히 반영되는 행동'으로 인식해야 한다. 공유 하나로도 알고리즘은 바뀐다.

**인스타그램 릴스 & 알고리즘 공략법
100만 조회수 만들기**

초판 1쇄 발행   2026년 4월 6일

지은이   서진원
펴낸이   황윤정
펴낸곳   이은북
출판등록   2015년 12월 14일 제2015-000363호
주소   서울 마포구 동교로12안길 16, 삼성빌딩B 4층
전화   02-338-1201
팩스   02-338-1401
이메일   book@eeuncontents.com
홈페이지   www.eeuncontents.com
인스타그램   @eeunbook

책임편집   하준현
디자인   이미경
제작영업   황세정
마케팅   이은콘텐츠
인쇄   천광인쇄